H5设计
全面解析

清晰易懂 **H5** 的概念讲解

≤**60**秒
HTML5≠H5

Ps

▶SIX METHODS
直观而有效的创意方法

全套系统H5
页面设计方法

视觉的设计方法
页面的设计技巧
排版的方法运用
纸 Ai H5

2015-2019
案例总结

H5动效、音效
的使用解析

▶数据分析

学习交流群
H5数据测试

朋友圈
H5分享关键点

「讲演案例的制作与教程」
一步步的制作演示
从构思▶原型▶设计▶生成

MAKA
翻页类H5教程

「12套演示
教学视频」

▷ 秀堂

数据分析
类H5教程

长图文
H5的
教程

H5小游戏、投票、抽奖
教程模版解析

人人秀

专属H5学习网站·酷5网

你即将开始一场
关于H5的深度体验之旅

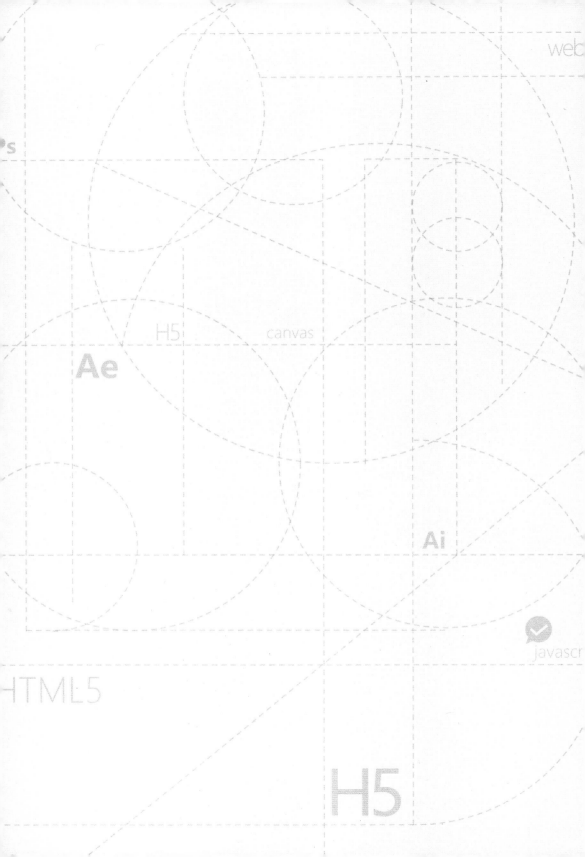

H5+

营销设计手册

DESIGNING MARKETING PROGRAMS IN H5

— 创意、视觉、实战 —

苏杭(小呆) **编著**

人民邮电出版社

北京

图书在版编目（CIP）数据

H5+营销设计手册：创意、视觉、实战／苏杭编著
. -- 北京：人民邮电出版社，2019.6
ISBN 978-7-115-49851-9

Ⅰ．①H… Ⅱ．①苏… Ⅲ．①超文本标记语言－程序
设计 Ⅳ．①TP312.8

中国版本图书馆CIP数据核字(2019)第036835号

内 容 提 要

本书是为 H5 的入门学习者编写的，以"图书"+"动态演示"+"视频教程"+"社群交流"+"行业文章"的立体教学模式，系统讲解 H5 设计的常识和规范，以及制作方法和技巧。

全书共 11 章。第 1～2 章从认识 H5 开始讲起，阐明其特征和功能，详细讲解 H5 的设计规范与常用工具，并介绍如何为设计与制作做好高质量的素材准备工作；第 3～9 章围绕 H5 的设计与制作的全流程，逐步讲解 H5 的策划，页面设计，元素与文字设计，动态设计和音频设计等内容，并阐述 H5 的数据分析与测试方法；第 10 章精选了翻页类、长图类、数据类和功能类等 4 个 H5 设计全流程案例，详细讲解了H5 的设计思路和制作方法，帮助读者巩固前面所学的知识，提高读者的应用能力。第 11 章介绍了进阶专业级 H5 设计的方法，帮读者搭好提高的台阶。

为了让读者能更好地学习 H5 的制作，本书以二维码的形式在书中加入了大量的动态辅助内容，包括动态演示、声效演示、H5 案例演示和全套的教学视频。另外，通过本书作者的微信公众号，读者还能获得行业"干货"文章，并能加入读者社群进行讨论。

除了从事设计工作的设计师外，本书还适合 H5 设计的初学者和 H5 设计的爱好者阅读。

◆ 编　著　苏　杭（小呆）
责任编辑　杨　璐
责任印制　马振武

◆ 人民邮电出版社出版发行　　北京市丰台区成寿寺路 11 号
邮编　100164　　电子邮件　315@ptpress.com.cn
网址　http://www.ptpress.com.cn
天津图文方嘉印刷有限公司印刷

◆ 开本：690×970　1/16
印张：14
字数：300 千字　　　　　　　2019 年 6 月第 1 版
印数：1—5 000 册　　　　　　2019 年 6 月天津第 1 次印刷

定价：79.00 元

读者服务热线：(010)81055410　印装质量热线：(010)81055316
反盗版热线：(010)81055315
广告经营许可证：京东工商广登字 20170147 号

前言

本书的创作背景

2017年4月，我出版了自己的第一本书《H5+移动营销设计宝典》，这本书是H5相关领域的专业图书，也是我两年心血的成果，在填补了该领域内容空白的同时，也让我看到了读者反馈。通过这些反馈，我逐渐意识到学习H5仅靠一本书是远远不够的，在这个领域，真的太缺乏系统的学习资料了。

除了专业从事H5设计工作的人员需要系统的学习材料外，更多的学习者其实是那些非专业领域的读者，他们的群体更大，对学习的需求也更为直接和强烈。与他们深入交流后，我才发现《H5+移动营销设计宝典》这本书的学习门槛过高了，更多的读者需要的并不是一本专业级别的H5读物，他们需要的是一本可以带他们入门、可以教会他们如何制作H5的基础书。

为了解决更多用户学习H5的需求，我在2017年底决定编写这本《H5+营销设计手册：创意、视觉、实战》，这是专门为初学H5的读者创作的H5基础书。整本书的写作花费了半年多的时间，直到2018年7月才基本完成。在这个过程中，我与前端工程师徐松紧密合作，本书的配套网站的演示部分都是由他开发完成的。

为了让入门的"小白"可以读懂和学会，我在这半年多的时间里重新对H5的学习方法和内容要点做了梳理和归纳。可以说，这是国内目前较为系统和全面的H5学习资料。从2015年到2018年，我对H5的研究已经持续了4年，希望在本书中总结的学习方法和学习教程能够帮助更多人学习如何制作H5。

本书的内容特征是什么？

与《H5+移动营销设计宝典》相比，本书的具体内容有很大的不同。图书的全部内容以设计方法和实战案例为主要介绍对象，对理论的讲述也基本围绕制作展开。

同时，为了让读者能更好地学习H5的制作，本书以二维码的形式在书中植入了大量的动态辅助内容，包括行业文章、动态演示、声效演示、H5案例演示和全套的教学视频。

除此之外，通过与本书配套的公众号和网站，你还能够获得实用的设计素材和行业"干货"文章，并能加入读者社群进行讨论。只要你有对H5学习的热情和投入，通过这本《H5+营销设计手册：创意、视觉、实战》，你就能够获得从概念认知到制作上手，再到专业进阶的相关实用知识，你买到的不仅仅是一本纸质书，还是一套可以升级的行业内容库。

本书适合什么读者？

这是一本针对性比较强的工具书，书中讲解的方法和内容主要针对H5初学者展开。如果你是初级设计师、需要学习H5创作的初学者或H5制作的爱好者，这本书就肯定适合你阅读。

这本书能教会你什么？

通过这本书，你能够学会和了解以下知识点：

（1）认识什么是H5，以及学到H5的制作常识与技巧；

（2）了解H5的相关工具和规范知识，学会运用与H5相关的各种内容素材库；

（3）学会H5的设计方法，包括排版、文字、动态和声音的设计技巧。

这本书配套什么资源？

（1）本书为你提供一个专业的H5学习网站（酷5网），该网站是与图书配套的专属网站，网站内置了H5案例、动态、音效和文章等内容。

（2）本书还会为你提供一套免费的教学视频，帮助你更好地学习H5的相关知识和操作方法，让你更快、更直接地学会H5的设计和制作。

希望通过这本书你能够真正地学会H5的设计与制作。我是苏杭（小呆），非常感谢你购买了我的书，也希望有一天我们能够在现实世界中成为朋友，谢谢你的关注！

苏杭（小呆）

2018年6月27日

目录

第 1 章
重新认识 H5

1.1｜H5是什么

1.1.1　H5真的就是手机PPT吗？

在学习H5之前，我们要搞清学习对象的概念。当遇到知识的未知领域时，大家通常的绝招是用百度搜索。不知道H5是什么，那就在百度搜搜看吧，如图1-1所示。

图1-1　通过百度获得的部分H5解释

通过关键词搜索，关于"H5是什么"的答案五花八门，如图1-2所示。有的解释是H5是HTML5、移动版PPT/APP、移动版Minisite、微信"小页面"，还有的解释是H5是H4的升级版，未来还有H6、H7、H8！这么多解释，看的人是一头雾水，根本搞不清哪个才是对的。

看完这些解释，你会突然发现，一个概念还没搞清，又多出来一大堆疑问，反而更迷糊了。实际上，这些"专家"解释对学习H5的"小白"来说是没有意义的，就算你花时间、下工

图1-2　盲人摸象地理解H5

夫弄懂了这些概念，你很可能依然不理解 H5 究竟是什么。H5 的概念之所以很难讲清楚，是因为它涵盖的范围实在是太广了，不同领域的从业者会站在本行业的视角把 H5 解读成他们认为正确的样子。

比如说：程序工程师认为 H5 就是 HTML5 的不规范写法；互联网设计师认为 H5 是移动版 PPT/APP；营销设计师则会认为 H5 是移动版 Minisite；而普通用户会经常在微信中打开 H5，所以他们会觉得 H5 就是微信的炫酷"小页面"。可以说，这些解释都是有道理的，但又都是不完整的，用一个成语来形容就是"盲人摸象"，大家都只看到了部分，却看不到全貌。

1.1.2　原来 H5 只是一个"洋外号"

H5 究竟是什么？小呆经过两年多的研究，得到了一个目前来说相对靠谱的解释：**H5 实际是移动端网站的一个"洋外号"。**

也就是说，H5 就是"手机版网页"，它包含了 HTML5、移动版 PPT/APP/Minisite 等所有的延伸概念，如图 1-3 所示。

那么，是不是说，只要能在手机上观看的网站页面都能被称作是 H5？

你还真可以这么理解，手机上各种能够用浏览器打开的网页都可以被笼统地称作 H5。而微信就是因为集成了内置的移动端浏览器，所以才能打开 H5，你用微博、易信和各种APP 等工具也都可以打开同一个 H5，而我们在微信下看到的 H5 全部都是移动网页。

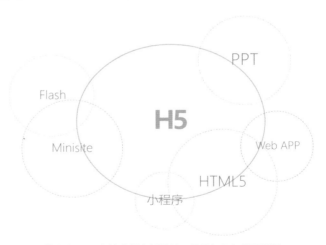

图 1-3　H5 与这些概念都相关，但又与它们都不相同

图 1-4 和图 1-5 所示的是同样的一支 H5，通过引导按钮，我们可以在微信和微博下调出H5 的链接。凡是我们可以调出链接的页面都可以被称作是 H5，因为只有网页才会有链接。

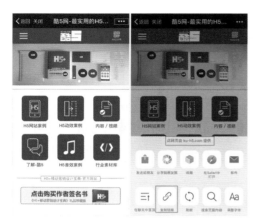

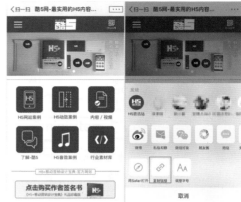

图1-4　H5在微信下可复制链接　　　　　　　　　　图1-5　H5在微博下可复制链接

为什么不能把H5直接叫做**"移动版的网页"**，这样不是更好理解吗？为什么非要用一个看不懂的"洋外号"，看得大家不知所云？

小呆也感同身受，H5这外号确实顺口、好记、上档次，但并不通俗易懂，很多人都误认为H5是个来自国外的技术，但国外压根儿找不到任何与H5相关的叫法，它完全是国人自己编的一个外号。

给复杂事物起外号，最好能帮助"小白"快速认知。例如，新上市的苹果手机，我们会给它起个像是"肾7""肾8"的外号；玩《王者荣耀》的朋友会把游戏形容为"农药"。这些外号不仅简化了乏味的名字，还能附带真实的情景，这样的外号就是成功的"标签"。

但H5这外号不是这样，它不仅没有简化概念，反而增加了我们的学习成本，尤其是对初学者，小呆就接触过很多不知道H5是网页的设计师，他们会在创作的过程中处处受阻，因为他们压根儿就不知道自己设计的其实是网页，对压缩、加载和访问速度等毫无概念，而这些都是网页设计要注意的基本常识。

如果有可能，H5这名字最好别存在，而是用微网站、移动站或手机站这样的名字来代替，可能会更好，这样更易理解，一看就懂，但可惜的是这个难以理解的外号已经被传开了。

在学习过程中，希望大家能明白H5所代表的是什么，当学习深入到一定程度时，就会发现理解概念的重要性了。而我们所讲的"H5设计"实际上就是手机上的网页设计，你也可以简单地将其理解为"手机网站设计"。

1.2 | H5 的各项特征

1.2.1　H5 现阶段的应用领域

目前 H5 应用最广的 4 个领域分别是营销、新闻、游戏和互联网产品。

营销类 H5

大家见到相对较多的 H5 就是营销 H5，如图 1-6 所示。这类 H5 通常都是为产品和品牌做宣传而专门设计的，制作的目的往往是为了引流、推广产品和开展各项活动。

致匠心　　　　　　　　　我们之间就一个字　　　　　　　穿越故宫来见你

图 1-6　营销类 H5 页面案例

新闻类 H5

新闻 H5 也非常普遍。它和营销 H5 很接近，但往往不承担"卖货"这个需要，其主要的目的还是宣传新闻事件，如图 1-7 所示。现在每逢社会有重大事件，各大媒体都会制作相关的 H5 来做新闻宣传，这类 H5 的目的不是推广产品或者营销产品，而是要用更加生动的方式来描述新闻事件，让人们更为立体、生动和直观地了解当下社会热闻。

一秒钟到底有多长（事实新闻主题）　　睡姿大比拼（世界睡眠日主题）　　不沉默，大声说（儿童公益保护主题）

图 1-7　新闻类 H5 页面案例

游戏类 H5

游戏 H5 是一个应用比较多的方向，我们在手机上玩游戏通常是需要安装 APP 的，但 H5 游戏是不需要安装 APP 的，直接在微信中点开就可以玩，无需安装，也无需卸载，玩完就走，想玩了再点击。

在营销 H5 中也有很多 H5 游戏的应用，国内也有专门的 H5 游戏产业，只是目前产业规模还比较小，不被大多数人所关注，市面上也很少有大型的 H5 游戏出现，这个领域还在不断地发展当中。

现在多数受欢迎的 H5 游戏还比较简单，像在 2014 年曾经火爆微信朋友圈的《围住神经猫》和 2018 年新年期间的《2018 汪年全家福》等，都是这个领域的代表案例，如图 1-8 所示。

应用类 H5

应用 H5 是能实现部分 APP 功能，却不需要安装 APP 的手机网站。在产品设计领域，它们也经常被称作是 "H5 网站"，相关的案例也比较多，像是一些不需要安装，但带有功能性的应用网站，并且可以直接在浏览器中观看和操作的，都是应用类 H5，如图 1-9 所示。

H5 是个发展很快的领域，随着技术的更新迭代，H5 还会出现在更多行业和领域中，H5 的

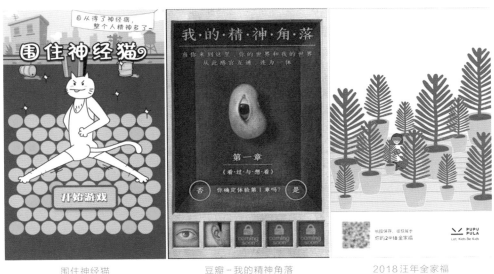

围住神经猫　　　　豆瓣－我的精神角落　　　　2018汪年全家福

图1-8　游戏类H5页面案例

分答（已下线）　　　　酷5网　　　　网易戏精公开课

图1-9　应用类H5页面案例

未来肯定不仅这4个方面，而我们要在本书学习的H5设计方法主要针对的领域是营销H5，具体到营销方向的应用形式，本书也为你归纳了6个大类。

1.2.2 H5目前的应用形式

电子邀请函

我们经常会需要制作一些主题活动的邀请函，例如，分享沙龙、峰会、聚餐、团建或者课程都需要邀请别人来参加，而H5无疑是较好的宣传方式。我们可以制作一支H5，然后分享到移动互联网来邀请更多人参加活动，增大活动影响力。

简历介绍

为了让自己的简历更美观和特别，我们经常会利用Photoshop、PPT这样的制作工具来制作，但是这样制作出的文件在移动互联网是非常难传播和观看的。H5就可以解决这个问题，我们可以制作出轻便的移动简历，易于分享和传播。相比PDF简历、图片简历和PPT简历，H5简历更加新颖，它可以更好地展示自己。

企业汇报幻灯

我们在工作中经常需要制作报告、报表和工作总结，通常我们会选择利用PPT来进行制作，但PPT必须用电脑才能播放，而且又必须安装相关软件才能观看PPT，非常不方便。

一支H5版本的内容报告，可直接转发给任何人观看，只要对方有网络和智能手机就可以。

电子宣传册

很多企业和个人开始越来越多地利用H5来制作自己的产品、企业的电子宣传册。

在面对新客户和其他人介绍企业或者产品时，再多的口头描述都不如一个带有互动体验的H5来得有用和直观。只要有手机和网络，你就可以利用H5来介绍你自己的产品和企业，它的效果和方便性要比普通的口头描述、画册和广告单页好得多。

活动广告

针对新产品和新活动，我们也可以利用H5来进行传播和推广，为新产品设计专属的H5来介绍产品，可以更好地展现产品的优势和特征，这也是目前H5比较大的用途之一。

信息收集

你还可以利用H5来做信息收集、用户调查和问卷等工作，它可以一定程度地节约人力和时间成本，让我们快速拿到需要的数据和内容。

> **小贴士**
>
> 定制开发指 H5 在设计完成后需要通过程序工程师用代码的方式完成，一般较为复杂的页面效果需要用这种方式实现。入门级 H5 工具指那些专门为初学者研发的线上 H5 制作工具，不需要定制开发就能自己操作完成，这也是本书学习的重点内容。

本节所列举的应用形式，除了部分功能需要借助定制开发完成以外，大部分功能都可以利用入门级 H5 工具实现。通过本书的学习，你基本上都能够掌握这些形式的制作，那么除了形式，H5 又能实现哪些功能？

1.2.3　H5 能实现的功能

既然 H5 设计就是网页设计，那么从道理上讲，PC 网站能做的事情，H5 应该都能做，真的是这样吗？

图 1-10　H5 设计和 PC 网页设计是不是一致的？

确实如此，只要是 PC 网站能实现的效果和功能，H5 几乎都可以实现，但因为移动设备的网络环境和 PC 不太一样，所以我们在设计 H5 时会放弃很多复杂的功能，但即使这样，H5 能做的事情还是非常多的。H5 究竟都能做些什么？ H5 可实现 6 个主要功能，如图 1-11 所示。

制作动态海报

我们熟悉的平面海报、插画设计、长图文、UI 设计，甚至是 3D 设计，只要是在常规设计领域能看到的画面效果，H5 基本都可实现。目前，我们比较常见的 H5 设计方式是插画设计和图文混排设计。

图 1-11　H5 可实现的6个主要功能

制作动画（编辑动画、植入动画）

我们可以利用H5实现简单的动画效果。如果你有足够的精力，你完全可以用H5做一部动画片出来。当动画过于复杂时，我们还可以利用GIF图导入H5，实现较为复杂的动画效果。虽然和专业动画效果相比，H5制作的动画还有很多不足，但H5已经可以实现很多丰富的动画效果了。

播放音乐、音效、录音（植入声音、加点击音）

H5还可以在页面中插入各种音效效果，而在高级定制的H5当中，我们还可以对插入的音效进行交互控制，如播放、暂停、快进和慢放等操作。只要是声音文件都可以植入H5，如广播、录音、配音、配乐和旁白等声音效果。

加入各种视频（植入视频、编辑视频）

H5还可以播放视频文件。我们制作好的视频可以在H5里进行播报，它可以完成播放器的很多功能，不管是短视频，还是长视频，也不管视频是什么尺寸，H5都可以进行播放。

多种交互方式和互动游戏

H5可以实现非常多的交互方式，如滑动、点击、摇一摇、涂抹互动、重力感应和抢红包等功能，它们都可以在H5内结合视觉内容和视频来进行实现，但部分功能的实现需要借助高级工具。

H5还可以制作互动游戏，像是上一节我们讲到的《围住神经猫》和《2018汪年全家福》，我们可以不用安装APP就能做出各种小游戏。

〔〔　小贴士

H5高级工具指代那些可以实现较为复杂效果的H5生成器，本书的主要学习目标是讲解初级H5制作工具，在下一章节，你会看到关于高级工具的具体介绍。

〕〕

丰富的功能

除展示能力外，H5 还可实现非常多的功能，如数据统计、收集。我们可通过 H5 收集用户的个人信息和资料，可通过 H5 为你的网站、APP 和专属活动引导流量，还可以通过 H5 进行投票、抽奖和集赞等活动。

通过 H5，我们还可以实现线上与线下的联动，并且可以在多部不同的手机上进行互动，这些在 H5 内都可以实现。这部分案例我们会在后面的章节为你讲解。

1.2.4　H5 的优势与不足

总结一句话来说：H5 能够更好地传递我们要传递的内容信息，与传统的纸张和视频相比，它的内容更丰富，体验更多样，更节约制作时间和制作成本。

手机的普及率高

随着移动互联网的发展，短短 10 年，智能手机这个曾经的新鲜事物，现今已人人皆知，它已成为人们生活中必不可少的重要工具，我们的很多时间都被手机给"抢走"了。

不管愿不愿意承认，很多人花在手机上的时间早已超过了观看纸张、使用电脑的时间，手机已经成为了我们获取信息最重要的途径之一。

截至 2017 年 9 月，微信日登录用户量超过 9 亿，相信绝大多数传统媒介在国内都没有这么大的关注度。2017 年，单支 H5 最大的点击量超过了 8 亿次，相信绝大多数电视节目或者纸媒产品达不到这个量级的关注度。

 2017年9月，微信用户总数：
900,000,000+

 H5-穿上军装，总点击量：
800,000,000+

图 1-12　2017 年微信用户总量和当年流量最大的 H5

现在正是移动互联网受关注的时代，很多人的注意力都在手机上，如果你要做推广或宣传，难道不应该往人多的地方靠拢吗？难道不应该把精力花在移动互联网上吗？特别是传统行业，它们在移动互联网上的增量可能更大，空间也可能更大！

H5作为"移动端网站"就非常适合在移动端做内容传播，不管你是宣传自己，还是宣传产品或企业，H5都会成为你的助手。

H5的传播优势

（1）超级媒体属性

H5可以制作平面海报、动态海报、动画、视频和3D场景，而这种能够融合多种媒介的表现形式，我们称之为"超级媒体"。它不局限于任何一种媒介，但又具备各个媒介的优势，它能够带给观看者非常特别且直观的视听体验，能够让内容变得更加丰富。

（2）创造有趣的交互方式

H5可以实现非常多的交互方式，这就能让固定的画面变得生动。除了我们在上一节已经介绍过的常规点击、摇动手机和涂抹互动之外，我们还可以通过H5来实现模拟手机接电话、手机刷朋友圈、手机发短信和手机看新闻页等交互方式，如图1-13所示，这会让页面的体验更加生动有趣。

| 模拟打电话 | 新闻页 | 朋友圈聊天 | 短信息 |

图1-13 有趣的交互方式案例演示图

（3）创造人与人的"新链接"

我们不仅可以自己观看H5，还可以转发给朋友或者转发到线上社群，甚至还可以让其他人一起参与H5的制作，如测试题、问答题、收集点赞或者其他互动方式都可以在H5中比较容易地实现。这种"社交模块"特别容易引起普通受众的关注，像是2017曾经大火的《左右脑测试》和《2018年你靠什么吃饭》等都是这个领域的"现象级"作品，如图1-14所示，这种人与人的"新链接"可以说是H5的一大优势！

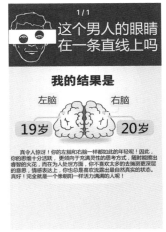

左右脑测试　　　　　　　　2018你靠什么吃饭　　　　　　　我的小纸条

图 1-14　可转发的 H5 案例演示图

H5 的优势

（1）更好上手

相比平面设计和视频制作，H5 有着更低的学习成本，即使你不是设计师，也能很轻松地学会 H5 的制作。当然，想要做出更好的 H5，还是要下功夫和投入时间的。

（2）成本较低

因为 H5 是网页，所以不需要打印、拍摄和剪辑，我们通过很多 H5 工具就可以实现。就一般的 H5 来说，投入成本较低。

（3）反应迅速

H5 一旦制作完成，可立刻使用，快速起到效果。相比传统媒介要印刷后去张贴的方式来说，方便了很多。

但 H5 目前还有不少缺点

（1）技术更新快

这个领域在不断发展，新技术在不断出现，你需要不断学习新知识才能确保自己的 H5 做得足够好。当你在 H5 设计中学会了一套不错的方法后，如果不继续深入学习，新方法很快就会替代掉现有的方法。

（2）好的效果，仍然需要定制开发才能实现

虽然现在有很多H5生成器，用它们能够很方便地制作H5，但想要制作出格调较高、效果特别、交互多样的H5，目前还需要通过程序工程师用写代码的方式才能实现，而通过H5生成器还是有很大局限。这就意味着普通用户想做出像腾讯、网易发布的商业级H5，会有很大难度。

（3）没有统一的行业工具

虽然市面上有很多优秀的H5制作工具，但仍然没有出现像Photoshop这样高专业度的工具，或像是美图秀秀这样的能够统一入门制作方式的工具。

这就造成了学习H5需要了解多领域工具的现状，我们需要根据不同制作需求来选择不同工具，不可能像平面设计那样，只要学会了Photoshop就万事大吉了。在本书第3章，小呆会为你介绍目前市面上主流的H5工具，告诉你它们都有哪些特征，要如何去选择。

「 章节总结 」

  – H5不是HTML5，它是移动端网站的一个"洋外号"；

  – H5有4个大类，主要有6种形式，可以实现6大类功能；

  – H5有优势，但是也有很多不足。

下一章：小呆会告诉你制作一支H5都需要经历哪些流程。

2

第 2 章
了解 H5 设计的
工具和规范

2.1 | H5设计要经历的流程

在制作上H5可以笼统地被分为专业级与普通级。专业级H5往往都是一些大品牌用于活动推广而制作的，这些H5的受众面较广，项目投入比较大。在制作时，项目拆分得也会特别细致，也往往需要团队，而非个人来完成。

普通级H5一般会用于小项目或者用于个人。在制作时，各项要求不会像专业级那么高，往往一支H5从头到尾都是由一个人来完成的。专业团队制作H5与普通用户制作H5的常见流程如图2-1所示。

图2-1　制作H5的常见流程

虽然两种 H5 在效果上有较大差别，但不管是专业级还是普通级，它们在制作流程上基本一致，总体来说，都要经历 6 个大步骤，如图 2-2 所示，只是普通级 H5 在深入程度上没有专业级的高。

认真了解需求　　做设计规划　　有计划的设计　　利用工具制作　　体验与测试　　总结分析数据

图 2-2　H5 制作时要经历的 6 个步骤

2.1.1　认真了解需求

在设计之初，H5 都要建立在具体目标上，比如说办分享沙龙要做邀请函，找工作要做简历，新产品想做推广，工作汇报要出电子报表，等等，这些具体需求。

一般来说，大家的习惯是找一个看上去精美的模版套一套就算是交差了，但如果你希望 H5 能起到更好的宣传作用的话，这个做法显然就是在骗自己了，模版满大街都是，如何才能体现出你的内容的不同？

你需要根据具体活动去挖掘活动中的"重点信息"和"优点信息"，先把它们都罗列出来，为你策划 H5 做内容素材。

> 小贴士
>
> 重点信息指此次活动想要特别强调的内容点，而优点信息指此次活动中比较有吸引力的内容点。在了解项目需求时，这两个信息点是我们要特别关注的。

2.1.2　做设计规划

当你确定好需求后，我们要思考究竟要做一支什么样的 H5 最合适？结合确定好的需求方向来确定 H5 的设计风格、内容布局、页面数量和文案信息，先把这些内容在脑子里规划好，然后画出草稿图，就像画素描景物前要打底稿一样。专业级 H5 原型图和手绘的入门级 H5 原型图分别如图 2-3 和图 2-4 所示。

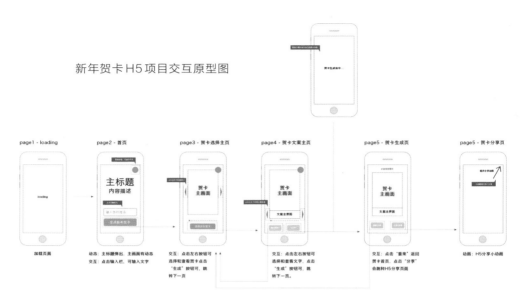

图 2-3　一张专业级别 H5 的原型图

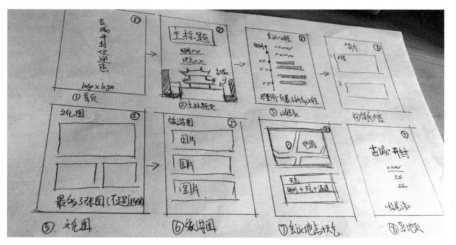

图 2-4　一张手绘版入门级别的 H5 的原型图

2.1.3　有计划地设计

在这个阶段，我们要完成 H5 的具体风格、配图、字体、动画、交互和音效等内容的设计。这个阶段是最花费时间的，你需要把 H5 的内容设计好，调整好细节，反复去修改和优化。大家不要觉得太难，本书在随后的章节会为你具体讲解它们的设计方法。

2.1.4　利用工具制作 H5

是不是做完第 3 步后 H5 就完成了？这是很多初学者都会迷糊的地方，H5 究竟是怎么实现的？

H5 的实现方式实际有两种。在专业团队中，因为项目效果要求较高，所以在设计完成 H5 后，设计师会把相关的设计图交给程序工程师来完成开发，程序工程师会利用代码把 H5 编写出来，然后 H5 才可以上线，被我们看到。而制作普通级 H5 是不需要程序开发的，我们可以利用现有的 H5 生成器来生成，整个过程相对简单得多。制作 H5 的两种技术手段如图 2-5 所示。

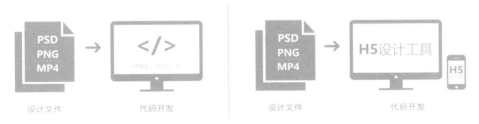

图 2-5　制作 H5 的两种技术手段

2.1.5　体验与测试

你可别觉得你的 H5 做完了，发出去后就算是完成了，你是不是也想知道自己设计的 H5 究竟受不受欢迎，有没有好的效果？

关于这个问题，你肯定是没谱的，这时对一支 H5 进行测试就非常关键了。这支 H5 究竟有没有问题？别人能不能看懂？有没有漏洞？通过朋友、用户的真实反馈，可以帮助你了解缺点与不足，帮助你改善 H5 的体验。测试非常容易被忽略，它真的非常重要，测试无误后 H5 才可以上线。

2.1.6　总结分析数据

在 H5 工具的后台，我们可以看到 H5 的各项数据。很多创作者做完 H5 之后就不管了，当效果不好时，他们会埋怨 H5 不好用，下次再也不做了。

H5效果的好与差，你应该通过后台数据去判断。数据会告诉你，你的H5是不是受欢迎，数据有利于你对H5进行及时的修改，也可作为你做下个项目时的参考。这6个步骤可以具象为创作过程中的3个阶段，它们存在着互相制约和影响的关系，如图2-6所示。

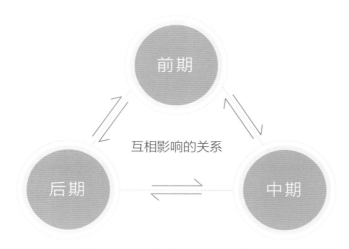

图2-6　H5制作过程中6个阶段的关系图

在很多人的印象里，H5只有中期这个阶段，对前期、后期基本没有概念。但这3个阶段的重要性都是一致的，可以说缺一不可。作为初学者，希望你能够加强对这3个阶段的认知。就制作精力的重心来说，初学者在这3个阶段要投入的精力是有差别的，具体可以根据图2-7所示的技能掌握程度来分配你的学习精力。

图2-7　初学者对不同技能的掌握程度

2.2 | 关于H5，你不可不知的工具

与H5相关的工具那么多，究竟哪个好学？哪个专业？哪个更适合初学者？一个个去试的话，要花费大量的时间和精力，最关键的是，作为初学者无法正确地判断工具是不是真的好用。那么在目前究竟有哪些主流的H5制作工具？这些工具又都有怎样的优点和缺点？

2.2.1 制作H5的常用工具

截止到2018年上半年，H5生成工具可以笼统地分为普通类、进阶类和专业类这3个类别，这3类工具针对的受众群体是完全不同的，如图2-8所示。

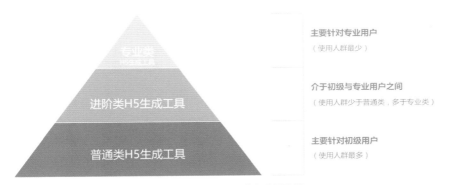

图2-8 国内H5工具的行业矩阵图

普通类

普通类H5工具是这个领域的底层，是用户量最大的一个类别，也是最适合初学者学习的工具。我们列举出了目前比较有规模的产品中的4款，它们分别是初页、易企秀、MAKA和兔展，如图2-9所示。

MAKA

易企秀　　　　　兔展　　　　　MAKA　　　　　初页

图2-9 H5常用普通类工具

初页

可以说是较"傻瓜"的H5工具了，它相当于H5界的"美图秀秀"，大多数人都能在10分钟左右学会这款工具。在"初页"，所有H5都要通过模版实现，主要操作环境是在手机上的APP，没有PC网站。你在APP内点击几下就能制作完成一支H5，这样的产品定位让"初页"成为了简单、好上手的H5工具。

易企秀

大家从"易企秀"这个名称就能感觉到它是针对企业的工具，该产品的各项设计都针对企业用户，它特别像是H5界的Office。 很多初学者不知道H5，但是他们知道"易企秀"。虽然该工具的知名度较高，但对于想学H5设计的朋友来说，除了这款工具，还有其他工具可选择。目前该产品提供APP可以下载，并且支持在手机上制作H5。

MAKA

MAKA是资历较老的H5生成工具，产品早期，它在UI设计和用户体验等方面优于其他同类工具。MAKA目前除了常规翻页H5制作之外，还增开了线上海报、长图文H5设计等制作模块，本书也会在随后的章节对它的一些特色功能进行讲解。目前该产品提供APP可下载，并且支持在手机上制作H5。

兔展

这款H5工具的界面和体验都比较友好和简洁，尤其是"兔展"的数据后台，信息量大，内容比较丰富。"兔展"目前除了常规的翻页H5制作之外，还增开了长图文和小视频的制作模块，本书也会在随后的章节对它的一些特色功能进行讲解。目前该产品提供APP可下载。

进阶工具类

进阶类工具是这个领域的中流。我们找到了3款比较有代表性的产品，它们分别是**人人秀**、**凡科网**和**720yun**，如图2-10所示。

人人秀　　　　　　　　　　凡科网　　　　　　　　　720 yun

图2-10　H5常用进阶类工具

它们在满足了一部分高级功能的同时，也满足了易学易用的特征。你能够在这些平台找到大多数曾经刷屏过朋友圈的H5形式的实现方法，它是个承上启下的中间层，拥有简单类H5

工具的便利，也保留了专业类 H5 工具的部分功能，同样适合初学者学习。

人人秀

人人秀是专为新媒体领域设计的 H5 在线制作工具。它可以为用户提供丰富的功能模版和设计选择，如伪装朋友圈、接电话、发红包、在线小游戏和短视频等，你都可以在这款工具中找到对应的实现方法，那些初级工具实现不了的功能，利用这款工具大多都可以实现。本书也会在随后的章节对该工具的一些特色功能进行深入的讲解和分析。

凡科

凡科是一个综合性比较高的 H5 工具，它的主要功能围绕在"建站"上。除了常规的营销类 H5，我们还能利用这款工具进行 PC 端网站的搭建和设计，还可以制作功能类的 H5 网站。这款工具的整体调性更加偏重于功能性网站的制作。

720yun

在制作全景 VR 场景方面，720yun 是这个领域的专项工具。如果你想要制作全景 VR 体验的 H5，你就需要利用这款工具来实现。该工具还有配套的全景图片商店和一些全景 VR 制作的教程。如果要制作 VR 场景 H5，可以了解该工具。

专业工具类

专业类 H5 工具的用户相对较少，主要的用户群体是专业设计人员，不适合初学者。我们找到了 3 款有代表性的产品，它们分别是木疙瘩、意派 360 和 iH5，如图 2-11 所示，这 3 款工具可以说各有优势。

木疙瘩　　　　　　　意派360　　　　　　　iH5

图 2-11　H5 常用专业类工具

专业类工具不是本书的重点，这里就不再进行讲解了，可以用一句话来概括。

1.**木疙瘩：**H5 版 Flash，应用在新闻和媒体领域。（拥有专业版与入门版。）

2.**意派360：**稳定性较好。

3.**iH5：**功能最全，"资历"最老。

经历了这几年的发展，主流的H5生成器基本上就是本节列举的这些。还有很多制作生成器，因为用户量小，影响力有限等原因，所以没被收录在本书中，在随后的讲解设计方法的章节中将主要围绕普通类H5生成器展开，只有部分会涉及进阶与高级工具。你还可通过下方二维码观看最新工具大全分析文章，文章会随行业变化进行更新。

延展内容：

H5工具大全分析文章

< 扫描右侧二维码，观看延展知识内容 >

2.2.2　制作H5最常用软件

虽然有各种H5生成器，也有大量模版和素材可以直接使用，但和做PPT一样，如果你永远都在依赖模版，你就不可能真正学会制作H5。初学者可以在应付紧急任务时使用生成器附带的多种模版。如果你真的想学会H5的设计，除了使用H5生成器自带的模版与素材外，你还需要了解一些实用的软件，它们可以帮助你制作出更好的H5。

构思工具

在构思内容阶段，如果你实在懒得用纸和笔，你可以通过思维导图工具来梳理思路，相关工具非常多，在百度搜索一下能找到一大堆。

本书推荐给大家的是Mindjet MindManager和XMind，如图2-12所示，这两款工具在Windows和Mac系统上都可以使用，图2-13所示的就是小呆用Mindjet MindManager绘制的本章节内容结构的思维导图。

图2-12　工具Mindjet MindManager与XMind

设计工具

本书推荐的辅助设计工具是Photoshop（PS）和Illustrator（AI），分别如图2-14和图2-15所示。新版本的Photoshop越来越智能，不仅能做设计、修照片、做字体，现在还能

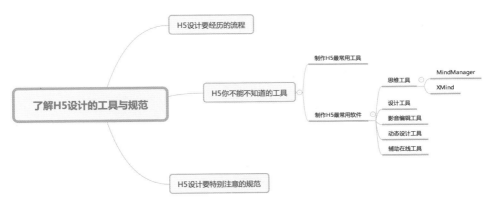

图2-13 一张概括了本章节部分内容的思维导图

做剪辑、GIF、3D图形、影视特效、声音编辑和UI设计等。可以说,如果你Photoshop玩得够好,做H5就足够了,甚至我后面推荐的其他工具都可以不用安装了。

而Illustrator是一款矢量图绘制软件。我们可以利用它来绘制图标、图表和矢量元素。虽是专业工具,但你只需要学习需要用到的功能就可以了。利用Illustrator来转不同格式的文件也是很方便的。

图2-14 Photoshop(PS)

图2-15 Illustrator(AI)

影音编辑工具

对于初学者来说,"会声会影"基本可以满足编辑影音的需求。这款软件是公认的入门容易、功能多样的编辑器。如果要求高一点的话,大家可以使用Premiere(影视编辑软件)和Audition(声音编辑软件),如图2-16所示,当然,它们的学习成本也相应高了些。

COREL 会声会影

Premiere CC

Audition CC

iMovie

GarageBand

图2-16 5个常用的影音编辑工具

如果你使用的是Mac电脑，那么Mac自带的软件iMovie和GarageBand就是我们影音制作的首选软件，如图2-16所示。利用iMovie编辑视频，利用GarageBand来制作声音，简单、好上手。但不是所有的H5都需要制作内置视频，有相关要求时才需要学习这些软件。

动态设计工具

专业工具的门槛过高，如果你有制作H5动态的需求，我首推的工具是Photoshop。大家可千万别小看Photoshop，**从CC版本后，这款工具已可以制作丰富的动态效果了**。

Photoshop   PowerPoint   Keynote

图2-17　常用动态编辑工具

除Photoshop外，如果你是PC用户，推荐你多研究PowerPoint，它可轻松实现很多动态效果，而且这些动态效果与用H5生成器生成的效果类似，有很直观的参考价值。如果是Mac用户，推荐使用Keynote这款工具，原理和PowerPoint一致。

辅助在线工具

PS Play： 如果想在手机上同步查看H5页面效果，下载一个PS Play的APP就可以了，它可以在手机上同步Photoshop的显示页面，在将素材导入H5生成器之前，你可以使用它来演示。当把素材导入H5生成器后，生成器可以自动生成演示链接，这时就可以不用PS Play了。

图片压缩工具： 可通过Photoshop这些绘图软件对图片进行压缩，也可通过线上压缩网站来压缩图片。大家千万不要忽视压缩环节，尤其在网速不好时，"瘦过身"的H5和没压缩的H5的差别非常大。比较常用的线上压缩工具如图2-18所示，它们不仅可以压缩图片，也可以压缩GIF文件。

PS Play   tinypng   zhitu

图2-18　常用辅助设计工具

二维码生成器： 不管是在H5内，还是在H5的推广引流阶段，我们都需要使用二维码，那么怎么获得想要的二维码呢？通过**草料**、**薇薇**等线上制作工具，我们就能很快得到指定链接的二维码了。如果你想要生成一些效果较复杂的二维码，就可以使用"第九工厂"线上编辑器来获得花式二维码。

格式转化： Windows 用户可以选择"格式工厂"，Mac 用户可以用 GarageBand、Hand-Brake 等工具来转换视频和音频的格式。

辅助设计工具： 当没时间进行设计和排版，项目又比较着急时，我们就可以使用"创客贴""海报工厂"这样的在线智能设计工具，利用它们来生成不同规格的画面和海报图，以辅助我们设计 H5。

| 二维码快速 - 生成工具 | 花式二维码 - 生成工具 | 创客贴 - 海报生成工具 |

图 2-19　常用辅助设计工具

2.3 | H5 设计要特别注意的规范

2.3.1　选择浏览器

H5 制作工具都是在线上完成的，所以我们要通过浏览器来进行编辑操作。PC 用户习惯用 IE 浏览器和 360 浏览器，Mac 用户一般喜欢直接打开 Safari 进行操作。但如果你真的想要操作比较流畅，并减少 BUG 的出现，就一定要使用谷歌的 Google Chrome 浏览器。

在互联网圈，Chrome 浏览器有个外号，叫做"世界上最好的浏览器"。之所以 Chrome 能有如此殊荣，主要是因为它是一个高度兼容 HTML5 内核的浏览器，现在其他厂家的浏览器很少能达到如此高的兼容度。

IE 浏览器　　　　MAC Safari 浏览器　　　　谷歌 Chrome 浏览器

图 2-20　常用的网页浏览器

但并不是说其他浏览器就不行，你可能用了很久其他浏览器，也从没出过什么问题，这里只是说用Chrome浏览器操作H5工具编辑器所出现的BUG是最少的。同样的道理，如果你在制作H5时出现问题，又找不出原因时，你可能把浏览器换成Chrome之后，问题就解决了，这种情况经常会发生。

2.3.2　常用设计尺寸

你在做H5时究竟要把页面做多大？这是个让初学者特别发懵的问题。你直接问技术人员，他们会告诉你一大堆版本不同的尺寸，有人说是1136px×640px，有人说是1334px×750px，有人说是1008px×640px，还有人说是1280px×720px，面对这么多答案，到底哪个才是正确的？

　　◟◟　**小贴士**

　　px是pixel的缩写，是像素的单位，在网页设计中经常会使用该单位。

◝◝

就目前大多数H5编辑器来说，多数采用的是1008px×640px这套尺寸。大家知道，苹果5代手机的屏幕尺寸是1136px×640px，这么对比下来，为什么无缘无故少了128px，从1136px变成了1008px？常见H5页面尺寸如图2-21所示。

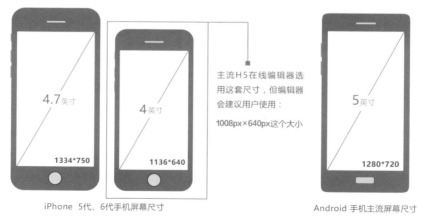

图2-21　常见H5页面尺寸

原来，虽然手机的尺寸是 1136px×640px，但在微信下观看 H5 时，页面上方都会有一个顶部导栏，它是用来显示退出、跳转和姓名等信息的。不仅仅是微信，手机端的浏览器也会有不同样式的导航栏出现在屏幕上方或者下方。微信的黑色导航栏的高度正好是 128px，如图 2-22 所示。

这样你就明白了，1008px×640px 正好是页面的有效画面尺寸，而大多数 H5 生成器也会建议用户把画面做成这个尺寸，现在你应该知道为什么是 1008px×640px 这套尺寸了吧。

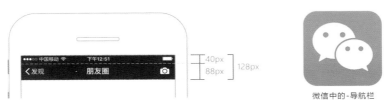

图 2-22　微信的顶部导航栏的尺寸大小

2.3.3　H5 响应式特征

我们已经知道了，目前 H5 编辑器最主流的尺寸是 1008px×640px，但你马上就会发现一个矛盾，现在市面上最主流的手机屏幕尺寸早就不是 1136px×640px 了，而是以 iPhone7/8 为主的 1334px×750px，并且随着智能手机的发展，主流尺寸还会继续发生变化。为什么我们还要使用这套尺寸？因为，1008px×640px 这套尺寸的最大的好处就在于压缩比特别高，它既能保证页面不会太大，又能保证 H5 的画面在大多数屏幕上能够显示得比较清晰。H5 网站又具有页面"响应式"这样的自动适配能力，所以在大多数情况下页面都会自动适配满屏。

但如果屏幕尺寸的发展在未来有更大变化的话，1008px×640px 这套尺寸可能随时被修改。在移动互联网中，是没有所谓长久标准的。虽然，H5 编辑器能自动响应不同屏幕尺寸，但在设计页面时，还要特别注意背景图的设置，要避免出现黑边、白边和错图这样的情况，如图 2-23 所示，当用户看到这些页面时，体验是非常不好的。

为避免类似情况发生，我们的背景图通常要放出画面，这个做法在图书出版领域叫作"出血"，而页面元素中，凡是靠边缘的大元素，我们也要做"出血"，把它往画框外放出去一些。而一些比较靠边的小元素，我们则要把它往页面内移动一些，尽量不让它们出现在边缘。

尤其是在 2018 年，以 iPhone X 为主流的一批全面屏手机的出现，让我们在设计 H5 时更

避免出现白边　　　　　　避免出现黑边　　　　　　避免出现错位

图2-23　一些设计页面的细节规范

加要注意"出血"的设置。因为这批手机采用的是超长屏幕，所以在做"出血"时要特别注意页面的上下部分，要多放出一部分才能确保H5在全面屏手机上能顶满屏幕，不出现白边和错边。

这里，最好用手机扫描生成的二维码来多做几次测试，你的页面是否顶满了屏幕，是否达到了最好的显示效果，在手机上检测一下就知道了。图2-24所示的是页面安全区演示。

图2-24　为应对手机屏幕不统一问题，我们要在设计时注意画面的安全区

2.3.4 页面"安全区"

和平面设计一样，H5的页面设计同样需要注意内容展示的空间感。你要有"安全区"的概念，它非常类似图书设计的"版心"。图书版面和H5页面的安全区对比如图2-25所示。

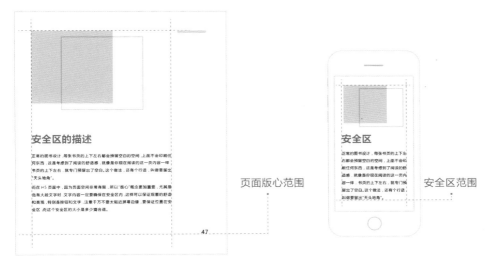

图2-25　图书版面和H5页面的安全区对比

正常的图书设计中，每张书页的上下左右都会预留空白的空间，上面不会印刷任何东西，这是考虑到了阅读的舒适感，就像是你现在阅读的这一页内容一样，书页的上下左右就专门预留出了空白。这个做法还有个行话，叫做要留出"天头地脚"。

而在H5页面中，因为页面空间非常有限，所以"版心"更加重要，尤其是有大段文字时，文字内容一定要确保在安全区内，这样可以保证观看的舒适和美观。还要特别注意按钮千万不要太贴近屏幕边缘，要保证位置在安全区内。这个安全区的大小是多少才合适，可以参看图2-26所示的尺寸。

图2-26　安全区的演示效果图

安全区的大小是没有固定数值的，大家在设计H5时要尽量避免元素和内容超出安全区，而具体的数据可以根据项目来做出调整，关键是你要有"安全区"这个意识。

为了能让大家更好地理解本章的内容，小呆还为你制作了一段讲解视频，来帮助你理解本章所讲述的知识点。通过下方二维码，你可以观看这段总结视频。

延展内容：

教程视频（1）：H5页面设计规范

<扫描右侧二维码，观看延展知识内容>

「 章节总结 」

– 设计一支 H5，不管是专业级，还是普通级，都需要经历 6 个基本步骤；

– H5 的制作工具主要分为 3 个大类，而设计 H5 时还需要一些不同功能的设计软件来辅助
　我们制作；

– 在设计 H5 时，我们还要注意 4 个比较重要的规范。

下一章：小呆会告诉你，制作 H5 时究竟要到哪里去找优质的素材。

3

第 3 章
怎么获得高质量的素材

3.1 | H5案例素材在哪里找？

设计师眼界的高低直接影响设计能力的高低，所以说，日常的案例积累非常关键。要去哪里找到精品H5案例？

首先是在各大H5工具平台，每款工具都有着自己的精品案例展示库，可以供我们参考和学习。 虽然这些案例库在数量上占优势，但局限性也很大，案例的精致程度也往往不够高，只看这些案例的话，你是很难有明显提升的，就像学习踢足球，跟着水平差的教练员练球，就算你再怎么用功，自己的能力也不可能提升。所以，你需要找到能够看到好作品的途径，以提升自己的审美和眼界。

3.1.1 资讯网站

站酷网

站酷网是目前国内最大的设计师交流分享社群，如图3-1所示。近年来，因H5的出现，站酷网关于H5的分享也多了起来。在网站搜索栏直接输入"H5"，就能找到各式项目案例。网站相关内容与设计行业关系密切，案例水准也相对较高。

图3-1 站酷网-H5内容版块

数英网

数英网是目前数字营销领域中较大的内容平台，如图 3-2 所示。该网站每天都会有关于数字营销行业的内容与热点更新，在这里，你可以找到很多高质量的 H5 案例，同时也能找到非常多的行业精品文章。

在网站搜索栏中直接输入"H5"，就能找到各种相关内容了。数英网的相关内容与数字营销行业密切相关，案例也多是大公司的专业团队出品的。

图 3-2　数英网 -H5 内容版块

花瓣网

只要是设计行业的朋友，对花瓣网都不会陌生，网站的采集系统使得该网站汇集了大量设计相关的案例素材，自然也有大量 H5 的案例素材可供我们学习、参考，如图 3-3 所示。

图 3-3　花瓣网 -H5 内容版块

在网站搜索栏中直接输入"H5"，你就能找到各种H5参考了。花瓣网的相关内容与设计行业的关联性较大，内容多以视觉设计为主，调性比较贴近互联网行业，案例质量相对较高。

酷5网

酷5网是本书配套的H5学习网站，通过该网站你可以找到与H5相关的案例、动态、视觉、文章和音效等学习内容，内容量虽不大，但内容种类丰富而全面，整个网站是以H5分享为主的，如图3-4所示。

网站会不定期上传H5精品案例，虽然案例数量不能和以上这些大门户相比，但收录在网站的H5案例可以说都是精品。在网站的导航栏点击H5网站案例，你就能看到H5的案例列表了。

图3-4　酷5网-H5内容版块

以上分享的这4个网站（如图3-5所示）都有丰富的内容沉淀，案例分享也都是以专业级为主的。虽然我们平时使用的H5工具可能实现不了这些网站展现的H5效果，但你要知道，观看这些案例的目的是要提升眼界和认知，这能够让你跳出模版的定向思考，看到更多不一

站酷网　　　　　数英网　　　　　花瓣网　　　　　酷5网

图3-5　H5资讯网站

样的表现方式。

而讲到 H5 案例，还有一点经验就是，在选择 H5 工具时，有经验的人一般会先去浏览工具网站的案例库。如果工具网站的案例库都非常精彩，那么很大可能这款工具的表现力不错；如果案例库很平庸，就说明这款工具很难做出出彩的 H5。

3.1.2 资讯自媒体

在 2015 年 H5 刚刚出现时，出现了很多媒体号，但随着时间的推移，很多相关的自媒体都停止了更新，如今还在继续产出优质内容的自媒体平台已经非常少了。

在本节，与 H5 相关的公众号，推荐大家关注 **"H5 广告资讯站"**，这是目前还在坚持产出 H5 深度分析内容的公众号平台之一，如图 3-6 左图所示。

图 3-6 （公众号）H5 广告资讯站、（知乎 H5 版）H5 广告

而在 H5 技术领域，目前内容依然比较优质的 H5 自媒体是知乎的 "H5 版"，如图 3-6 右图所示，在知乎直接搜索 "H5"，就可以看到这个版块。该分类内容更加偏向技术，有这方面学习需求的朋友可以关注。

3.2 | 获得图片与设计素材

图片与设计元素是制作 H5 时最常用的素材，我们应该从哪里获得？相信很多初学者都是直接通过百度、谷歌搜索来寻找素材的。这样找确实方便，也不费什么脑子，但问题也最多。这样找到的素材，往往质量低，品相差，品类也比较少。我们也很难判断这些素材的出处，如果要将素材用在商业项目中，还会有侵权的风险。

所以，不建议大家只使用这种方式获得素材图，这里给大家推荐一些专业度较高的图片与设计素材库。

3.2.1　综合类素材库

千图网、昵图网和摄图网这3个网站都是结合了免费素材和付费素材的综合类素材网站，如图3-7所示。这个类别的网站有很多，但这3个是使用率较高的。

在这类素材网站中，除图片素材外，还能找到大量设计素材的源文件，相比于百度搜索，其品类丰富，数量多，质量好，除免费素材外，还有大量素材以月费形式提供下载和使用服务，收费门槛相对较低。在获得素材时，大家也要注意，有些素材即便提供付费下载，也是不能直接运用在商业项目中的，所以一定要查看下载说明。

千图网　　　　　　　　　　　　　　摄图网

图3-7　综合类素材库

3.2.2　付费类素材库

如果你对素材有更高要求，还可以选择专业度更高的付费素材网站。本书列举了比较常见的3家，如图3-8所示。在这类素材网站中，你能找到质量较高、品类较全、内容较丰富的素材，而且均能保证正版和全部可商用，不会出现版权纠纷。

很多广告公司和大型商业项目都是通过这些网站获取素材的，但该类网站的所有素材都必须通过单次付费才可获得，没有免费素材提供。

站酷海洛网　　　　　　QuanJing全景网　　　　　　视觉中国网

图3-8　付费类素材库

3.2.3　国外素材库

你也可以通过一些国外的素材网站获得素材，如图3-9所示，这些列举的网站均有免费与付费版块，但不是所有网站都支持中文搜索。建议看到这里的初学者们可以登录这些推荐网站，进行网站的标签收藏，在实在找不到合适素材时，可以到这些网站查找。

图 3-9　国外素材库

3.2.4　图标类素材库

我们还会需要一些标注、图标和装饰等元素，这些icon类素材也可以从专门的素材网站上获得，本书推荐Iconfon与Easyicon，如图3-10所示。

Iconfont是阿里巴巴旗下的矢量素材分享网站，在这里你可以直接下载到质量比较高的图标素材。Easyicon是一个图标设计素材库，网站图标并非全部都免费，在下载时需要观看内容说明，有部分图标需要授权才能使用。

图 3-10　图标类素材库

3.2.5　素材库的素材库

以上推荐的图片与设计的素材库已经相当全面了，但如果还是无法满足你的要求，那么还有一个网站一定能够让你找到想要的素材，这个网站就叫做设计导航，它可以说是所有素材库的素材库，该网站集合了国内外所有设计相关素材库的网站链接，而且界面简洁，一目了然，如图3-11所示。

图 3-11　网站设计导航主界面

以上这些素材库基本能够满足大多数的设计要求了。

3.2.6　教你寻找图片出处

最后再教大家一个搜索同类图片的小技巧。相信不少人都会有这样的体验，遇到了一张特别好看的图片，但不知道它的出处，我们要怎么找到图片出处？

其实方法很简单，你要将现有的图片直接上传到"百度图片"或者"谷歌图片"中进行搜索，然后就可以找到同类图标了，步骤如图3-12所示。

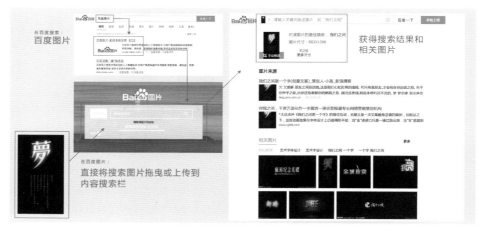

图3-12　利用百度搜索相似图片的教程

如果你还是不知道具体步骤，也可以扫码下方二维码，观看教学视频，来学习如何找到相似图片。

延展内容:

教程视频（2）：图片+特殊字体搜索教程

<小扫描右侧二维码，观看延展知识内容>

3.3 | H5字体素材

3.3.1 优质字体素材

首先向大家推荐的是方正字库和汉仪字库，如图3-13所示。很多人可能是通过百度搜索获得字体的，但你还要知道，一套字体的设计要花费很多精力和时间，大家一定要支持正版。目前这些字库的很多字体产品的售价并不高，针对个人用户还有很多免费字体可直接使用。

方正字库　　　　　　　　　　　汉仪字库

图3-13　字体素材库

其次再推荐一些综合性较高的字体素材网站，例如中国字体设计网、站长之家和找字网等，如图3-14所示。这些网站的字体种类较多，大部分都可以预览、演示和直接下载。但请注意：如果是个人使用或企业内部使用，就不会侵权；如果是用于商业项目，使用字体是需要支付版权费用的。

中国字体设计网　　　　　　　　站长之家

图3-14　字体素材库

3.3.2　特殊字体素材

我们经常会需要毛笔字这样的文字作为标题，但平时字体库里的毛笔字又不够美观，这时我们就要借助毛笔字生成器来解决问题了。

你在百度中搜索"毛笔字生成器"，会出现很多类似的网站，这些网站的操作方法都大同小异，具体步骤如图3-15所示。

图3-15　毛笔字字体生成工具网页教程

在网站生成字体后，可将文字直接存储为图片或是矢量图形，方便我们修改和使用，你可以直接搜索这类字体网站来生成书法字体。和寻找图片素材的情况一样，有时我们会看到一些自己喜欢的字体，但不知道是什么字体，这样的字体能找得到吗？同样有类似功能的网站，

图3-16　特殊字体识别网站

这里给大家推荐两个，如图3-16所示。你需要将带有该字体的图片截图保存，然后将图片上传到"找字体"的网站就可以了，具体教程如图3-17所示。

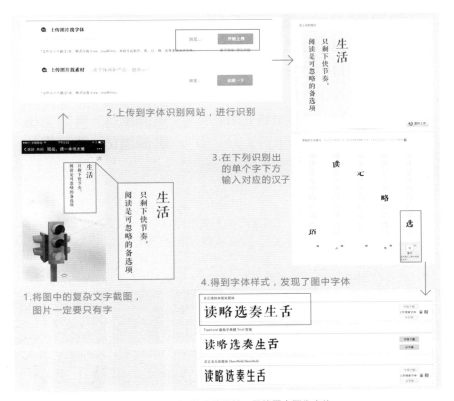

图3-17 利用找字体网站，寻找图中陌生字体

3.3.3 实用字体推荐

很多初学者对字体不敏感，就算是告诉他怎么寻找字体，他可能也不知道应该使用什么样的字体才最合适。这里给大家推荐一些比较实用的字体库，这些字体都是设计师使用频率非常高的字体。

思源黑体、思源宋体

思源系列是谷歌团队带头开发的系列汉字字体。这套字体的特点是字体质量高，字体数量全，字体系列完整，字体可免费企业商用，可以说是一套"大神"级字库。部分思源黑体字体如图3-18所示。

图3-18　部分思源黑体字体截图

造字工房系列

造字工房系列字体可以说是国内最受欢迎的字体库之一，字体样式多，种类全，系列品种丰富，但这套字体是商业字体，只允许个人免费使用，企业需要付费购买。部分造字工房字体如图3-19所示。

图3-19　部分造字工房字体截图

微软雅黑系列

这套字体可以说是大家较为熟悉的字体库，也是应用较为广泛的，很多网页都会使用这套字体。微软雅黑系列字体不是免费字体，商用需要购买版权。部分微软雅黑字体如图3-20所示。

图3-20　部分微软雅黑字体截图

叶根友字体系列

这套字体可以说是国内口碑最好的书法字字体库，字体种类丰富，形式感强。但这套字体同样为商业字体，只允许个人免费使用，企业需要付费购买。需要的话，你可以直接到官网下载字体。部分叶根友字体如图3-21所示。

图3-21　部分叶根友字体截图

那么，这些优质字体从哪里才能获得？为方便读者查找，本书为大家整理好了一些可以免费商用的字体，通过下方二维码，你就可以查看究竟还有哪些实用的字体。

延展内容：
国内可商用的免费字体汇总

< 扫描右侧二维码，观看延展知识内容 >

3.4 | H5 音效素材

3.4.1　云音乐搜索平台

图片和设计素材我们还能通过"百度"搜索获得，但音乐素材就很难这样获得了。目前，在国内较为权威的音乐类门户网站有网易云音乐、虾米音乐和QQ音乐这3家，如图3-22所

网易云音乐   虾米音乐   QQ音乐

图 3-22　云音乐搜索平台

示。在这些平台可以很容易找到相应主题的音效，品类全，内容丰富，质量较高，搜索也非常智能。它们的使用方法也简单直观，我们以网易云音乐为例，在网站首页输入你想找音乐的关键词，例如欢快轻音乐、抒情轻音乐等，然后进行试听，感觉合适了，点击下载就可以了，如图 3-23 所示。

图 3-23　在网易云音乐搜索音效的步骤

当然，在三大平台下载音乐都需要付费，网站目前多以月费形式向用户收取费用。注意，即使在这里进行付费下载，付费下载的音乐也不是都能进行商业使用的，尤其是中文热门歌曲。

对于初学者来说，做项目练习或者小范围内使用这些音效都没有问题，只要不是商业项目，就不会涉及侵权问题。

3.4.2　免费音效素材库

在网上，我们可以找到很多相关音效素材库，这些音效素材库可以让你快捷地获得音乐素材。但因为这类网站的规模比较小，而且素材来源都比庞杂，所以这些网站的音源文件大多没有版权备注，大家在使用时要特别注意音效的辅助说明，使用敲打声、环境声等声效很少出现版权纠纷问题，一些比较常见的背景音效也是，但使用一些旋律比较复杂的背景音效就要注意下载说明了。与上一节描述类似，个人项目使用这些音效是不会有问题的，但商业项目就要考虑版权问题了。图 3-24 所示的几个网站都是国内的免费音效库。

China**Z**.com
China Webmaster 站长素材　　　　　爱 给　免费素材 高效创作

站长之家　　　　　　　　　　　　爱给网

图 3-24　免费音效搜索平台

3.4.3　版权音效素材库

有版权的音效素材库分为付费类与非付费类两种，就质量和内容丰富度来说，付费类音效库要远远好于非付费类。这类网站大多数都是国外的网站，网站的品类也非常多，相关的内容不在正文中进行描述了。通过下方二维码，你会看到一篇作者之前原创的音效素材库分享文章，通过文章，你可以了解究竟有哪些比较好用的版权音效库。

延展内容：
音效素材库分享大全

<扫描右侧二维码，观看延展知识内容>

[章节总结]

– H5 案例素材库获得途径对应的网站素材库；

– H5 的设计图片与设计元素对应的网站素材库；

– H5 的字体素材对应的网站素材库；

– H5 的音效素材对应的网站素材库。

下一章：小呆会告诉你如何去构思一支有吸引力的 H5。

4

第4章
H5的策划技巧

4.1 | 了解移动端用户习惯

在讲解H5的设计构思之前，我们要了解究竟什么样的人会看到你的H5，他们又有着什么样的行为习惯？

为能更好地了解用户的观看和使用习惯，我们会拿平面设计、网页设计与移动端的H5设计进行对比，这样对比虽有失客观，但能更直观地看出差异，理解移动端的用户特征。

4.1.1　画面尺寸差异

目前手机屏幕的主流尺寸是5.5英寸（物理像素为1920px×1080px），从便携性来说，这个尺寸就算再增加，变化也不会太大。相对平面设计中常规单页A4纸（接近12英寸）来说，大小还不及A4纸的一半，更别说更大的喷绘和海报的尺寸了；对比主流的PC显示器来说，现在的显示器尺寸多为21 ~ 27英寸，手机屏幕更是要小得多。手机屏幕、A4纸张和PC显示器的尺寸差异如图4-1所示。

图4-1　尺寸差异

对于平面纸张与电脑显示器来说，视觉设计发挥的空间大，对于手机屏幕来说，视觉设计发挥的空间小，这样的差异会直接影响H5画面的呈现方式。

4.1.2　阅读习惯差异

不管是传统网页设计，还是常规纸张设计，我们在阅读具体内容时，观看习惯基本上都会遵循从左及右的次序，你的视线在观看页面或者纸张时是有转折的，如图4-2所示。

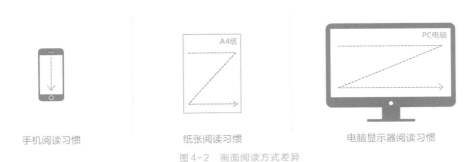

图 4-2 画面阅读方式差异

在手机屏幕上，这个特征就完全不一样了。我们对手机画面的阅读习惯更加简单，变成从上及下的顺序，中间也不会出现视觉转折。在浏览信息时，视线是一扫而过的，观看时的阅读方式更直接，视线停留时间更短，对复杂内容信息的接受耐心也更差。

4.1.3 场景习惯差异

移动端的场景使用习惯和PC端、纸媒端的差异非常大。我们在阅读纸张、观看书本或浏览电脑上的网页时，都需要一个固定场景空间。阅读时，你也不可能同时去做几件事情，阅读必须专注，注意力与情绪点也都要比较集中才可以阅读信息。读书和使用电脑时，你一般是不可能同时散步或做家务的，但是使用手机时完全可以，你可以这么"三心二意"地使用你的手机。

手机的碎片化使用场景造成了和其他场景完全不同的体验，当出现大量文字和长篇内容时，我们会感觉到不适应和没耐心。场景特征属性对比如图4-3所示。

图 4-3 场景特征属性对比图

在这样的场景下，我们很多时候都是被内容惊艳的标题所吸引而无意间打开页面，在心理上没有做好阅读大量文字的准备，注意力也不够集中。

这样对比下来，你会发现：在纸媒和PC端，人们的场景习惯是耐心，专注，空间固定；而在移动端，人们的场景习惯是没耐心，注意力差，场景多变。

尺寸差异、阅读习惯和场景环境这3个特征让我们意识到，相比传统设计，信息在移动端的展示范围受限，观看方式受限，观看习惯碎片化。用一句话来总结的话，那就是**使用者注意力较差，没有耐心。**

在设计H5时，对待这类场景特征自然要做到让内容阅读起来更简单，不要让内容太过复杂，同时还要减少无意义的信息展示，而整个H5设计构思的思路核心就是**如何更好地利用设计来提升观看者的注意力**。那么，具体要怎么做，才能起到增强关注的效果呢？

4.2｜根据用户心理设计H5内容

用户使用手机时往往容易三心二意，为了能够获得用户更多的注意力，我们在设计H5时需要对用户心理有一定了解，通过用户心理特征来设计更有效的H5。在本节，我们把用户心理与场景特征做了结合，提炼出了4个比较常见的提升用户注意力的特征。

4.2.1 认同感

我们在听演讲时，总喜欢有故事、有趣味的演讲，而对那些一板一眼、照书念词的演讲会感到枯燥乏味。虽然都是一样的知识内容，一样的"干货"，但我们就是提不起兴致，这就是对内容缺乏认同感的表现。

我们在设计H5时也会遇到类似情况。如果只是把自己想要说的信息生硬地堆砌在页面里，当别人浏览H5时，就算页面制作得再精美，别人一样会觉得内容枯燥乏味。那么认同感应该怎么建立？让我们先来看一个商业案例。

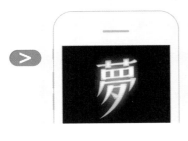

扫描二维码，观看 H5 案例

这是"大众点评"在 2015 年新年推出的一个大桌饭业务的推广 H5，目的是拉消费者在新年用"大众点评"拼单打折，人越多，折扣就越多。通常来说，我们会把折扣信息直接做在 H5 内，用类似"跳楼价""超实惠"的文案来吸引用户关注。

而在创作这支 H5 时，从"拼单打折"联想到"友谊"这个主题，友谊是人人在心中都有的体会，而且我们年底聚餐也有很多是亲朋好友的饭局，这样的设计就跳出了死板的打折促销模式，让内容更有认同感，让更多人看了会有共鸣，会觉得这支广告和其他的不一样，甚至觉得这就不是广告，这样的认同感更容易吸引关注。特别是整支 H5 在很多细节设计上非常下功夫，"点击转发"写成"我想你了"，把"聚餐吃饭"解读为"我们之间就一个字"，这些都是认同感的抓取和应用，把一些比较枯燥的形容更换成了更有人情味的文案，如图 4-4 所示。

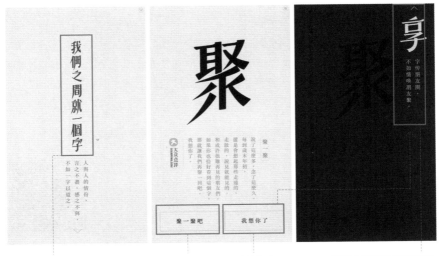

大桌饭业务的认同感主题解读　　了解业务产品　引导分享　　　　　引导分享的认同感文案

图 4-4　H5 案例《我们之间就一个字》

同样的道理，如果你要推销图书，可以围绕现代人的阅读习惯来展开话题，去倡导更多人加入阅读，改变习惯；如果你要推销圣诞节的礼品，那么你可以围绕一个感人的圣诞节故事展开话题，去反衬圣诞礼物对我们的重要性；如果你想描述自己的产品质量很好，那么你可以从"匠心精神"说起，而不是生硬地夸自己的产品质量有多好，这样是非常没有感染力的。

以上的几个小创意都是在认同感上的思考，即不要直接放出你的活动或者产品的信息，而是要通过产品或者活动的特征，挖掘它背后带有的普世人文价值观，挖掘那些人人都会认同的道理和习惯。一个故事、一种心理、一类现象，这些都可以作为H5的内容素材来帮你做出更有吸引力的H5。

认同感的创造，其难点在于你要在生活中提炼出那些带有"共性"的情感因素，这要求我们时刻关注生活，记录其中的感觉。

4.2.2 奖励

打折、促销和甩卖永远都不会缺乏市场，哪怕你使用的形式都被玩过很多次了，被用得都快烂掉了，它依然会具备吸引力。

就像现在的微信红包，2015年上线时大家感到非常新奇，就算红包只有几分钱，也会非常开心。而几年后，就算微信红包的模式已经被反复使用，它仍然比一般内容要吸引人，只不过需要追加奖励才能真正刺激到他人。

那是不是奖励越高越有效？其实并不是这样，如果这个奖励机制人们都比较熟悉，大家都习以为常了，那么增加奖励会起到吸引关注的作用，就像微信红包奖励，但如果这个奖励机制很新颖，奖励的内容反而会没那么重要，就像在2017年曾经在朋友圈刷屏的H5《测测你的左右脑》。

扫描二维码，观看H5案例

虽然测试结果是随机的，一点也站不住脚，甚至都经不起推敲，但用户还是非常开心地在转发，他们喜欢的是新鲜感，奖励在这种情况下就变成了一个环节。而下面的这个案例又是另外一种思路的演绎。

扫描二维码，观看H5案例

这是一支依靠奖励吸引用户的H5，它的奖励机制是按劳奖励，多劳多得。与直接的红包奖励不同，按劳奖励不仅增加了用户的参与度，同时其游戏的奖励方式也大大超出了体验预期。在玩游戏时可以得到奖励，而且这个奖励还有一个线性的增长过程，这就能刺激用户关注度的提升。同样的，抽奖、投票和积攒等玩法也基本上都可以在H5中实现，根据不同活动去设计奖励机制，可以有效提升用户关注度。

奖励的创造，难点在于要设计出可以超出预期的奖励机制，最好是可以进行累计和加成的奖励方式。可以说，这是这个模式的窍门！多去研究相关案例，有助于开阔思路。

4.2.3 熟悉度

在内容设计上，多用一些人们熟悉的、了解的东西，尽量少用那些陌生的、小众的内容和元素，这样可以减少用户的学习成本。熟悉度的创造类似认同感的创造，但最大不同是，利用的元素要么是过去的"旧元素"，要么就是当下为人们熟悉的新热点，围绕它们结合H5主题进行创作。我们先来看一个商业案例。

这是一支非常典型的创造熟悉度的案例。H5要讲述的主题是音乐对我们的生活和情感的影响，它想告诉我们，音乐是我们生活中不可缺少的一部分。

在表现上，页面中的所有内容都不是品牌方自己的，全部都是"旧元素"，音乐播放器和这些老歌本身就是经典的历史符号，一看到和听到它们就会立即勾起你的相关回忆和感受，这种熟悉度的创造非常容易抓住用户注意力。

这就意味着，你在做任何内容设计时都可以去找相应的"旧符号"来帮助用户降低他们对内容的认知成本。如果你想做新电影的推广，你可以将导演的经典电影作品作为素材，来个"打包"化的内容展示，这会让内容显得更有吸引力。如果你想做汽车类产品的推广，你可以将品牌历年来所有经典汽车类产品做内容展示，来加强人们对新产品的熟悉度和期待感。

创造熟悉度的难点在于创造出"新"与"旧"的合理融合，合理地运用"旧元素"在一定程度上能够帮助我们理解新事物。

4.2.4 制造意外

人们都会有很强的好奇心，这可以说是一种天性。我们会对一些未知的东西非常感兴趣，因为它能带来一种很神秘的感觉，让我们想知道究竟会怎样，事情是怎么回事儿，后面还会有什么结果。意外的创造和熟悉度的创造，两者采用了相反的思考方式。前者要故意创造未知，让用户产生新鲜感，想要去一探究竟；而后者是让用户不要有太多未知感。

例如对话小游戏，游戏的每一步都给你提供一些信息，但每次都把话说半句藏半句，不断吸引你关注和给你制造新鲜感。当你翻到最后才发现，原来这是一个儿童节小广告，在你最感兴趣时，把主要信息告诉你，而往往在这时，你的关注度也是最高的。

我们再来看一个专业级的 H5 案例，你会发现它的思路与前一个案例是完全相通的，我们完全可以将这样的思路应用到普通级的 H5 创作当中。

一开始，这支 H5 就给你创造出了纪实感，画面阴暗，气氛诡异、紧张，这种氛围非常吸引人，你会非常想知道这个女孩后面会怎么样？

H5 的每一段内容都会给你提供一些信息，但都不完整，一直吸引你关注，在谜底揭晓时，你才恍然大悟，原来这是一个二手车广告，女孩并不是真人，她实际上是一辆二手车的拟人化形象。

创造意外的方式有很多，它要通过制造好奇感和反差来提升用户的关注度，这个反差可以是形式上的、心理上的、文字上的或技术上的。有了较强的矛盾与冲突，人们的关注度就可能会被提升。

这 4 个特征是在 H5 中最常见的用户行为心理，也是提升 H5 关注度的方法，如图 4-5 所示。在做内容策划时加入这些特征的思考，H5 才有可能会获得更高的关注度。

图 4-5　提升 H5 被关注的 4 个方法

提升关注度的方法还有很多，远不止这 4 个，而在具体运用这些方法时还要根据项目特征来选择合适的方向。

4.3 | 根据项目特征选择对应形式

在第 1 章我们已经介绍了 H5 最主要的 6 个制作需求，分别是邀请函、简历介绍、企业汇报幻灯、电子宣传册、促销广告和问卷调查，针对这 6 个需求，我们可以与用户的心理特征做结合。

原则上，4 个特征都可以应用在 6 个需求上，但针对每个需求，某些用户心理特征会更适合。

4.3.1　邀请函

制作邀请函时，在提高用户的关注度上，制造认同感是最合适的，这会让想参与活动的人感受到活动的权威性和专业度。

如果你要举办分享活动或者社交活动，什么内容的邀请函最能吸引人？你应该先去思考人们对活动的认同感会产生在什么内容上。

通常来说，认同感会产生在两点上，一个是"分享人"，一个是"分享主题"。如果分享活动邀请了行业知名专家，我们就应该把 H5 的内容策划着重在人物的刻画上，让受邀者意识到分享人的权威性，从而产生认同感。

如果没有权威分享人，我们还可以把精力着重放在分享主题上，让受邀者感受到分享的主题内容能给自己带来实实在在的帮助，从而产生认同感。

这里给大家分享一支相关主题的 H5，它的创作重心就在对分享人的展示上，通过设计来营造一种仪式感，从而凸显出分享人的权威性。

扫描二维码，观看 H5 案例

4.3.2　个人简历

个人简历一般没有引流和推广需求，它是用户用来介绍自己的H5。在制作个人简历时，最符合用户心理特征的方法就是制造熟悉度。

如何更好地展示自己的过去？如何更好地用一些"旧符号"来展示现在的自己？这是我们主要要去思考的问题。试着用历史、故事和时间线来串联起自己的经历，这样，你的简历才会更吸引人。

举例来说，我们在制作简历时通常会用时间线来串联自己的过去，比如2012～2014年你在某某地方工作，2014～2016年你在某某地方工作，这就是利用熟悉度来减少陌生人之间距离感的方式之一。如果能在此基础上再加入一些人们更有熟悉感的内容，效果就会更好，例如，情感、观点和认知等是如何通过工作发生改变的。

如果你是相关技术人员，那么你完全可以把自己对"匠心"精神的认知变化和自己的工作履历进行结合，或者干脆把自己的H5简历描绘成"我的成长史""我眼中的职场"或"我的奋斗"等主题。这样制作出来的H5就会像微型的自传或一个个章节的故事，会为观看H5简历的人带来更高的熟悉度，就像是在读一篇故事。

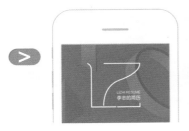

扫描二维码，观看 H5 案例

4.3.3　企业幻灯片

企业汇报幻灯片一般用于企业自身的宣传和向客户进行汇报，它在制作上最适合的方法是制造认同感。你往往要在这类H5里进行行业分析、市场分析和用户行为解读，如何更生动地去展现你想要传达的内容信息就成了关键点。

对这类H5创造认同感的方式在内容层面更多的是利用真实事件来辅助，进行类比和对比的引用等。你的数据和分析要非常清晰，要有比较客观的对比和类比，这样才能制造有效的认同感。这里的认同感更贴近于真实的感受。我们来看一个关于大数据的例子。

数据一直都是比较枯燥的内容，但这支 H5 在数据的展现上做了大量的简化和再设计，让报告中原本比较死板、庞杂的内容变得更加生动、有趣，让用户能够清晰地看懂这些数据，从而产生认同感。

4.3.4 电子宣传册

此类 H5 涉及的领域非常广，主要用于各种产品的线上宣传和推广。在制作上，我们比较适合采用的方法是制造认同感与熟悉度。

我们以常见的电子类产品为例，如苹果的经典电子产品 iPod，产品宣传中把 5GB 容量的硬盘功能形容为你可以将 1000 首歌放到自己的口袋里，这在当时给普通用户一种特别强烈的体验反差，这里就包含了熟悉度的创造。你可能在当时根本意识不到，5GB 空间对一支 MP3 来说究竟意味着什么，但你绝对知道把 1000 首歌放到口袋里是什么感觉。把复杂、枯燥的内容转化成容易理解的事物，这更有助于推广产品。我们再看一个商业案例。

作为一个产品推广 H5 来说，这支 H5 并没有死板地展示所谓的产品功能和强大的硬件等信

息，而是把注意力放在了熟悉度的制造上。它抓住了用户对之前产品的态度和产品本身的口碑来做文章，让你一看就比较熟悉，因为那些话可能就是你之前讲过的。这种另辟蹊径的方式，有时会更容易提升用户的注意力。

4.3.5　促销广告

这类 H5 最为常见。为了推广新产品和服务，我们会用促销的方式来获得更多关注度。在制作上，最适合的方法是制造奖励。

既然是促销，就最好做得热热闹闹像促销的样子，用奖励刺激是比较有效的。有时我们会想去讲故事，会想去制造认同感，还会想去制造熟悉度，这些方法并不是不好，但就效果来说，业务促销的比较有效的方式还是吸引人的奖励机制，这是应该花心思的地方。

将具有诱惑力的促销信息放大，让用户第一眼就能看到究竟是什么商品在打折，折扣有多少，自己能省多少钱，让用户清晰地了解这些信息，并尽量去创造超出用户预期的促销内容，就像上一节的项目案例《霸王餐数你行》一样。

4.3.6　问卷、信息收集

这类 H5 经常在公益和社会活动中出现，它的目的是要通过 H5 向更多用户收集信息。这类 H5 有比较强的传播需求，最适合的制作方法是制造奖励。只有制造有效的奖励机制，才有可能让用户愿意参与问卷。这里的奖励指的并不是红包或者金钱奖励，而是有趣的测试结果和有展示意义的数据信息，就像上一节的案例《左右脑测试》一样。我们来看一个案例。

H5 项目案例
NO.11
内在人格测试

扫描二维码，观看 H5 案例

通过测试，你会发现只有那些能够让用户获得测试结果的数据测试，用户才会愿意参与和转发，所以我们在设计用户测试时需要把精力放在如何设计有趣的问题上，把自己想要的数据巧妙地安插在测试当中。就目前的H5工具来说，能够完成测试功能制作的H5工具必须是进阶和高级工具才可以，初级工具还无法制作测试类H5。

针对6种常见的H5需求形式，我们在本书为大家列举了一些比较常用的内容创作思路。H5因为形式太多，内容太广，所以不可能在一章就给读者们讲述得面面俱到，而在这一章的案例讲解中，你也会发现有很多内容其实是相通的，在表现手法上也有不少类似的地方。在本书第10章的H5案例全流程实战部分，我们会对项目创作进行更为具体的讲解。

「 章节总结 」

– 移动端的手机用户有3个比较明显的行为习惯；

– 根据用户的行为习惯，我们总结出了4个最常见的用户心理；

– 通过4个用户心理，来对6个最主要的H5创作形式进行解析。

下一章：小呆会告诉你H5究竟有哪些页面设计技巧。

5

第5章
页面设计技巧

5.1 | 绘制页面原型图

5.1.1 什么是原型图

原型图（Prototype）是互联网产品（通常指APP原型和网站原型图）的前期计划，有点类似建筑的施工图、设计Logo前的草图或设计海报时的底稿，它是设计开始的前期计划。在原型图中，你可以将想法和创意勾画出来，以比较直观的方式判断它们的可行性。在专业设计领域原型图会被分为线框图、原型图和高保真这3个阶段，如图5-1所示。

H5草稿－线框图   H5页面－原型图   H5页面－高保真

图5-1　H5页面原型图的3个阶段

5.1.2 H5设计的原型图

在H5设计中，虽然我们也绘制"原型图"，但在要求上要简单得多，我们甚至可以直接用画草图的方式来绘制，一张白纸加一支铅笔就可以了，不用借助任何专业软件，只要原型图能清晰表现出设计思路即可。

很多朋友会觉得画原型图很麻烦，画面都在自己脑子里，真有画出来的必要？这里给大家讲解一下绘制原型图的好处。

实现有计划地安排设计

在制作前要想好把H5做成什么样子。H5的外观样式，整个H5的内容的前后关系和逻辑，以及内容的节奏，都可以在原型图阶段进行构思和推演，避免没有规划就做，如果做到一半发现不合适，再返工，就太耗费时间了。

有助于了解项目难易点

你可以提前对有难度和较容易的内容进行规划，了解设计H5的难易点，从而对要花费的时间有一个大概的估算。

方便与他人交流

虽然初学者在制作H5时不需要和其他人协同工作，但要快速让同事、领导或者客户了解H5究竟会做成什么样时，草图还是能起不少作用的。项目负责人认可了草图，我们再去进行设计，可以避免返工。

专业团队需要人与人的协作，所以需要精准的描述图，也就是"原型图"来方便团队成员之间进行沟通。如果是个人制作普通H5，就不需要这样了，只要你画的草图能够帮助自己理清思路就可以了。草图完全可以画得简单、随意一些，如图5-2演示的效果。

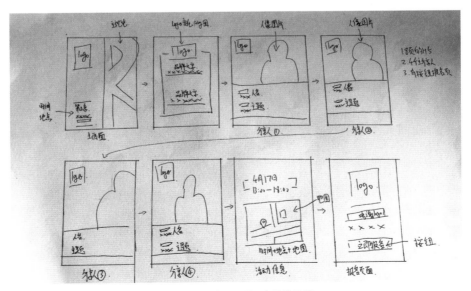

图5-2　手绘原型图，也就是草图

5.2 | 把握页面视觉氛围

5.2.1 色彩是决定氛围的关键

H5是不是能给人留下印象，它给人的氛围感最重要。如果打开H5无法感受到任何氛围，那么大多数人可能会直接关掉它。图5-3所示的是几个视觉氛围不理想的H5页面。

图5-3 　儿童主题页面、服装主题页面、家具产品主题页面

这些页面在设计时都使用了很多质量较高的主题元素，但它们在视觉上会给人奇怪的感受。你会发现这些页面要传达的内容信息不清晰，这主要是颜色使用不当造成的，看到这些连主题都表现不清楚的H5，你真的有兴趣继续往下翻看吗？

让我们来看调整后的页面，如图5-4所示。同样一组元素，只是改动了页面的颜色和版式，你是不是会觉得这组页面看上去舒服多了，想表现的意思也清晰多了？

画面1：轻松活泼，突出儿童教学温暖主题。
画面2：休闲文艺，突出服装舒适主题。
画面3：清雅安静，突出家具产品品质主题。

图 5-4　修改后的儿童主题页面、服装主题页面、家具产品主题页面

通过修改前后的对比,你应该就能比较直观地感受到页面营造的氛围了,这会让你愿意继续观看下去。从这组案例你会发现,原来设计一支 H5 首先要给观者传达出明确的氛围,或是欢乐、或是休闲、或是高雅……用户只有在明确的视觉感受下才会愿意继续观看。那么在具体设计时,究竟要如何把握页面氛围?

在氛围的营造上,我们的感知顺序依次是**色彩→图案→文字**,所以色彩是氛围传达的关键,如图 5-5 所示。

图 5-5　感知的顺序

5.2.2　色彩的情感

色彩种类多达上百万,这么多种类,听上去就头疼,让人觉得难以驾驭。但实际上,在生活中常见和常用的色彩并不多,我们只要能够掌握 10 ～ 30 种颜色,就能够应对各种 H5 设计了,而掌握它们的关键之一就在于理解色彩的冷暖。

色彩本身是没有冷暖温差的，但在真实的物理世界中，很多事物都带有颜色，它们在长久的岁月中影响了人们的主观感受。比如，我们看到黄色会感受到温暖，太阳就是黄色且温暖的；我们看到蓝色会感到寒冷，反射蓝天的冰雪就是蓝色的；我们看到红色会感受到热情，血液的颜色是红色的。类似的例子有很多，大家可以发散思考，如图5-6所示。

所以在心理感受上，不同的色彩具有明显的冷暖差异，它能够让我们联想到真实世界的事物。通常来说，暖色系会带来情感的刺激，冷色系会降低情感的刺激。

图5-6　不同的色彩给人不同的感受

在色彩的应用上，我们可以看看电商品牌Logo的例子，如图5-7所示。你会发现，电商类APP的品牌Logo的颜色多是橙、红、黄这样的暖色系，比如淘宝、天猫、京东和苏宁易购等；而社交类APP的品牌Logo的颜色多是绿、蓝等色系，比如微信、QQ、易信和钉钉等。

图5-7　不同品牌Logo利用色彩传递情感

电商类品牌涉及购买和消费体验，商家想让消费者在购物时产生兴奋和激动的情绪，所以品牌在颜色上就迎合了这种诉求，我们就会经常看到暖色调的促销页面来刺激我们消费。

而社交类软件主要用于信息传递和交谈，调性上需要沉稳、安静和安全的感受，所以微信才会使用绿色，绿色能够给人安静和舒适的感受，会给人顺从、听话和愿意倾听的感受，就像是生活中那些安静的绿色植物。

品牌在设计自己形象时都非常重视颜色的选择，因为颜色给人带来的感受会直接影响到观看体验，如图 5-8 所示，你能想象出红色的微信、绿色的京东吗？会不会觉得别扭？

红色 - 京东　　　　保健绿 - 京东　　　　　　　绿色 - 微信　　　烈火红 - 微信

图 5-8　更改 Logo 颜色的对比图

实际上，H5 的页面氛围传达和品牌 Logo 的企业形象的表达是一样的道理，用 Logo 举例，我们会看得更直观。在上一节的 H5 页面对比演示案例中，第一组 H5 页面在配色上犯了与上述 Logo 同样的错误，都是没有考虑到色彩的情感体验，也就是没有正确使用颜色的冷暖色调。

相信这个道理大家都懂了，那么我们具体要怎么去使用颜色呢？

本书把常见的页面氛围总结为了 4 个大类，设计者可根据不同主题来选择。即使你不是专业设计师，也能营造出正确的氛围。这里有一个关键原则：**色彩冷暖的选择条件要符合 H5 想要给用户传达的心理感受。**

5.2.3　色彩的 4 种风格

风格 1：清雅简约

这种色彩感在视觉上往往吸引力较弱，会给人舒适、缓慢的感觉，色调反差小，色彩多为弱对比色调，但冷、暖色均可采用。

当遇到花艺类产品、艺术类展览、文化活动和阅读类产品等主题时，特别适合使用这种风格，如图 5-9 所示。在现实生活中这些内容都是需要人们去静静品咂和感受的，用比较清雅的淡色能够表现出正确的氛围，帮助用户理解内容。

阅读类APP的H5页面　　　　新婚请柬类H5页面　　　　女装类H5页面

图5-9　清雅简约类页面

风格2：浓郁暖色

这类色调会给人热情、温暖和活跃的感受。使用时，相邻色使用较多，色彩以暖色调为主。就浓郁的强度来说，我们还能划分出3个强度。浓郁色调的案例如图5-10所示。

儿童节类H5页面　　　　情人节类H5页面　　　　促销类H5页面

温暖调色彩比例　　　　浪漫调色彩比例　　　　热情调色彩比例

图5-10　浓郁色调页面

温暖调：明度较高，色彩鲜艳，一般适合儿童类和轻松主题。

浪漫调：色调雅致，色彩缓和，一般适合情人类活动和相关产品。

热情调：对比强烈，色彩浓郁，一般适合节日类和"大促"类活动。

风格 3：沉稳冷色

这类风格会给人理性、沉稳和安静的感受。它的色调反差小，色彩也都以冷色调为主。科技类活动、行业峰会和电子类产品使用这类风格的情况比较多，如图 5-11 所示，因为这些内容往往与科技有关，内容给人的感觉会比较严肃和深沉，采用冷色调会给人庄重的感受，很多常见的手机类产品就常用冷色调来进行设计。

科技产品类 H5 页面　　　　科技会议类 H5 页面　　　　电子产品类 H5 页面

图 5-11　沉稳冷色类页面

风格 4：悬疑暗色

这类色调会给人神秘、未知和高雅的感受。它的色彩数量少，色调反差小，色彩以暗色调和紫色调为主。

与其他 3 种风格的色调不同，这种风格的色调在使用时没有特殊的方向和环境，任何领域的产品和品牌都可使用。人们在黑夜里总能体会到未知感，而我们又总会有强烈的好奇心，想要去了解那些未知的东西。在设计 H5 时，我们同样可以注重这种心理感受，用暗色调来营造这种未知感，创造悬疑氛围与相关主题做契合。这种风格比较适用于答题类、解密类和历史类题材的 H5，如图 5-12 所示。

情感类H5页面　　　　　　　　万圣节类H5页面　　　　　　　　短视频类H5页面

图5-12　悬疑暗色类页面

图5-13大致概括了4种风格所对应的4种色调，针对不同内容主题，我们要选择相应的色调。

图5-13　4种风格对应的4种色调

5.2.4　页面的3阶配色法

确定了色彩基调，也只能说是把握住了大方向。氛围对了，但单一颜色创造不出好的视觉体验，所以在确定合适的氛围后，我们还要对色彩做层次上的再设计。在这个环节，只要你能够创造出有效的3个色彩层次，你就更有可能做出好的视觉氛围。

第 1 阶段：确定主色

主色是画面的主基调，它决定了画面所表达的情感。它通常会是页面的背景色，或者是页面中面积最大的那块颜色。主色一般会采用一套固定颜色，或者就使用一个颜色。

因为面积过大，所以无论是冷色还是暖色，主色的亮度都不会太高，也不会太过于艳丽。既要显得沉稳，又要避免主色太过呆板，所以我们还会在主色上加入一些渐变或者纹路来丰富主色。

这里我们以一个暑假美术学习班的招生页面来作为演示案例，如图 5-14 所示。在主色的选择上，就内容情感定位来说，"暑假""小学生"和"美术学习兴趣小组"这些关键信息给人的情感体验更贴近**浓郁暖色**。

图 5-14　H5 页面的 3 个主色效果图

从图例你会发现，蓝色调太过于深沉，红色调太过于热情，而黄色调更加合适主题定位。特别要注意，所有的 H5 页面要做到主色的统一，也就是说，所有页面最好采用相同主色作背景，不要出现每个页面的背景色不同的情况。通过图 5-15 和图 5-16 你会发现，同样是一组页面，当背景色相同时，页面氛围固定，体验一致；当背景色不同时，页面氛围混乱，体验变差。

第 2 阶段：确定辅助色

辅助色往往与主色色调相同，或者与主色色调截然相反，它的面积仅次于主色，它的作用是在不破坏画面氛围的前提下，给画面带来活跃、冲突和反差，让画面不呆板。通常辅助色会用在**主元素**和**大标题**上。辅助色的数量有时是一个，有时会是多个，这要根据具体主题来定，但不管用几个颜色，辅助色都要结合在一个整体的页面中进行设计，这样才不会干扰主色。

回到美术特长班的页面案例，在选择辅助色时，就画面而言，标题是最合适的区域。而在颜色的选择上，从图例你会发现确实是同色系更加好用，效果也更加突出。H5页面背景颜色统一与不统一的效果分别如图5-15和图5-16所示。

■ 背景颜色统一的视觉效果

图5-15　H5页面背景颜色统一，视觉设计完整

■ 背景颜色不统一的视觉效果

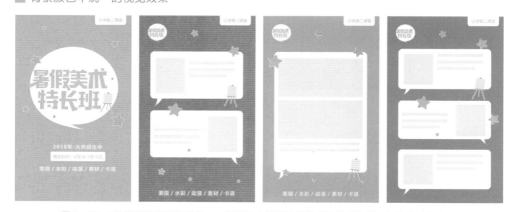

图5-16　H5页面背景颜色不统一，虽然单个页面的视觉设计都很好看，但整体感觉凌乱

这也是选择辅助色的小窍门，要尽量使用同类色系。假如背景是浅黄色，那么辅助色的文字就可以采用深黄色；假如背景是浅红色，辅助色的标题就可以采用深黄色或者红色。图5-17的3个案例中，最右边的案例就用到了这个窍门。

图5-17 辅助色的效果演示

第3阶段：适当添加点缀色

点缀色的特点是面积小，其颜色与主色反差大。顾名思义，点缀色主要起画龙点睛的作用，只需要一点点就能让页面丰富起来。它通常会零散地分布在画面当中，数量一般不会太多。点缀色经常使用黑色、白色，这样会比较容易与其他颜色搭配，也会使用冷暖色。它的变化空间最大，在颜色选用上的限制也最小，设计时可大胆使用。 点缀色还有一个比较重要的使用方法，就是功能性点缀，比如页面中可点击的按钮和图标通常都要使用它。为了让图形更醒目，我们会用与其他颜色反差较大的点缀色。

回到美术特长班的案例，你会看到页面在添加点缀色时做了哪些设计，如图5-18所示。就算使用的是冷色或者是杂色，这样的颜色在画面中也不会破坏页面氛围，反而让页面的视觉效果加了分，这就是点缀色起到的作用。

图5-18 点缀色的效果演示

通过图例你会发现，一个氛围营造得较好的H5究竟要经历哪几步配色上的思考。这套方法不是绝对的，但能够让"小白"快速理解并上手。通过3阶配色法，你会发现在设计页面时要注意以下几点：

（1）要注意颜色面积的对比，也就是上文说的1、2、3级，而且通常一支H5最好只用一套统一的主色作为背景；

（2）颜色的使用量要尽量少，颜色越少，页面氛围就越好控制，通常颜色在3种左右就比较容易营造氛围了；

（3）如果觉得页面太过呆板，就可多用邻近色和近似色来丰富画面。

5.2.5　配色工具推荐

配色是个功夫活，需要反复演练。想要更好地掌握配色，除上述方法外，为能够让初学者快速上手，更好地掌握配色方法，除了上述方法外，给大家介绍一些实用的配色工具，如图5-19所示，通过这些工具，你能很快做出氛围较好的H5页面。

Adobe Color CC　　coolors　　hailpixel　　htmlcolorcodves　　设计导航色彩库

图5-19　实用配色工具

Adobe Color CC

Color是Adobe公司为设计工作者打造的智能配色工具。虽然是Adobe出品，但这确实是一款入门级配色工具，在圈内口碑较好，你可以很快在工具内找到成套配色，并直接应用到自己的作品中。

coolors

coolors是一款非常直观的国外配色工具，通过输入关键词并搜索，你可直接得到相关主题配色。不过网站需要英文搜索，不支持中文。

hailpixel

hailpixel是一款神奇的配色工具，所有颜色搭配都是通过鼠标操作来实现的。其实用性虽没有其他配色软件那么高，但这种充满想象力的配色方式能够为你带来更多灵感。

htmlcolorcodes 中文版

如果你想在配色这个领域学习更多的内容，就一定要登录这个网站。它就像配色领域的设计
导航，集合了所有色彩知识和所有配色器的链接与介绍，包括教程和方法。

设计导航 – 色彩库

这可以说是本书推荐的最实用的配色工具，该网站把我们所有常用的配色都做了整理和归纳，
你只要在网站中寻找自己想要使用的配色，然后直接应用就可以了。

5.3 | H5 版面设计技巧

5.3.1　好的版式让内容更清晰

在平面设计中，版式设计可以说是重要分支，在 H5 设计中也同样如此。你是不是经常会看
到图 5-20 这样的 H5 页面？

图 5-20　版式较乱的 H5 页面案例

打开页面后，第一感觉就是乱，内容多又杂。文字很小，看久了眼睛会累。在本书的第4章，我们就讲解过移动端用户的习惯。你在视觉上的不舒适都是因为在页面设计上没有考虑移动端用户的使用习惯。

那么，当我们加入了对移动端用户习惯的理解后，再重新调整图例，效果如图5-21所示，你会不会觉得画面的视觉效果整体上好了许多？

图5-21　版式清晰的H5页面案例

在修改这些页面时并没有对元素重新进行设计，我们只是改变了元素的位置，只是对版式做了调整，但你会发现页面的整体视觉效果完全不同了。这是怎么做到的？其中又究竟有什么窍门？下面一点点为你讲解这其中所使用的设计方法。

5.3.2　创造画面焦点

画面焦点的创造，在摄影中应用得比较广泛。想要照片好看，就一定要有非常明确的视觉焦点，这个视觉焦点可以是一个道具、一个人物，也可以是一个动作。通过摄影图片的案例，你就会发现摄影构图中焦点的重要性。

我们通常会把关键信息放在摄影构图的九宫格的焦点上，如图5-22所示，这样会容易创造视觉上的美感。

图 5-22 摄影作品的九宫格焦点构图

同样，在 H5 页面的排版中也要人为创造视觉焦点，它一定就是整个页面中视觉的中心。焦点一定要非常醒目，画面焦点的数量也最好只有一个，这一点非常重要，因为它是做好排版的根基。

通过图 5-23 所示的案例，你会发现我们之前修改页面就是为画面创造一个强焦点，这让内容变得更加清晰。

图 5-23 页面焦点演示图

在画面中，焦点的视觉面积往往是最大的，其他元素都要弱于主焦点，只有这样，H5页面才能清晰、易懂和美观。

但还是有一种特殊情况，那就是当H5的页面不是单页而是可滑动的长图文时，就需要将画面的焦点设计成多个，因为在长图文的页面被滑动时，眼睛的视线会跟随页面向下观看和移动，如图5-24所示。

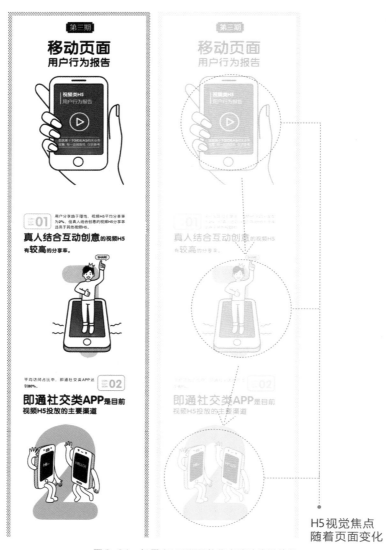

H5视觉焦点
随着页面变化

图5-24　长图文H5页面的焦点移动演示效果

5.3.3 单个页面的层级

在配色时，主色用来确定页面的氛围。但只有主色，页面就会显得单调，所以需要辅助色和点缀色来构成三级关系。

而在页面排版中，确定视觉焦点是用来确定视觉重心的。但只有视觉重心，页面也会很单调，所以在排版技巧中有着与 **3 阶配色法** 类似的 **3 阶排版法**。我们先来看图 5-25，它能够帮你理解什么是 **3 阶排版法**。

图 5-25　页面视觉层级演示效果图

虽然图例中只有一些简单的文字描述，但你是不是能在视觉和心理上感受到层级感？层级感会让画面变得美观，只要能够做到 3 个视觉层次，层级感就能设计出来。这里我们来看一些页面版式设计的案例，如图 5-26 所示。

图5-26   商业H5案例信息层级演示图

为了让大家更好地理解层级感，下面我们通过对两个页面进行深入分析来进一步讲解，如图5-27所示。

第一层级：
确定清晰直观的内容焦点，但同时画面也给人单一的感觉。

第二层级：
加入二级内容后，画面更加丰富，但在这个基础上，还需要继续深化。

第三层级：
虽然三级信息是些装饰，但这些装饰丰富了画面，让内容更加饱满。

第三层级（深化）：
在第三级的基础上，我们还可以加上一些点缀信息，来继续丰富画面，这些点缀信息的面积很小，但能让画面更加丰富。

第一层级：
确定清晰直观的内容焦点，但同时画面也给人单一的感觉。

第二层级：
加入二级内容后，画面更加丰富，但在这个基础上，还需要继续深化。

第三层级：
虽然三级信息是些装饰，但这些装饰丰富了画面，让内容更加饱满。

第三层级（深化）：
在第三级的基础上，我们还可以加上一些点缀信息，来继续丰富画面，这些点缀信息的面积很小，但能让画面更加丰富。

图 5-27　排版步骤图

通过案例你会发现，所有页面在经历这样的版式设计后是非常容易出效果的。有时 H5 页面就是因为缺乏层级感才显得不够美观，用**3 阶排版法**去设计 H5 版式就可能帮助你获得好看的页面效果。

5.3.4　多个页面的层级

3阶排版法可以解决单个页面的版式问题，但H5通常会有很多个页面，而且有时H5是长图文，并不是固定单页。面对多页面时，我们要如何设计层级？

给大家引入一个新方法，叫作**连续统一法**。人的视觉和听觉在跳跃和被打断时是需要一些延续的元素的，就像电影的续集，如果主角都换了人，你还会觉得你看的是续集电影吗？而在面对多页面时，我们最好能让每个页面都有一定的联系，让它们具备共有的视觉设计或内容信息。这种联系主要体现在两点上。

1.采用近似的页面版式。如果H5的每一页内容都采用了同样的版式，就能给用户带来心理上的连续感，能增强H5的完整性。

2.我们可以采用数字、编号、图形、时间轴、相近元素或者色彩等方法来设计出内容的连续性，就算每个页面的版式和内容不同，但是它们都拥有共同的符号和信息，这样也能创造出连续性。

我们来看两个项目的演示，以帮你加强理解，如图5-28和图5-29所示。

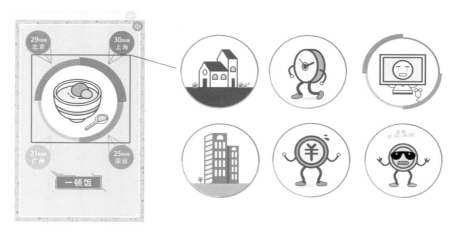

图5-28　所有的页面都采用了相同风格的图形元素，能够让这个H5更统一、更完整

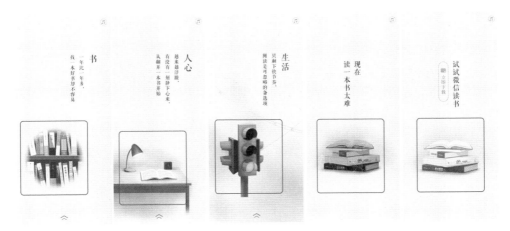

图 5-29　H5 项目"现在，读一本书很难"统一的图形元素

从图例中你会发现，这两个 H5 就是采用了统一风格或者说相近风格的内容元素和版式来达到多个页面的内容统一的。

5.3.5　让 H5 更有节奏感

通过以上方法，我们的 H5 不管是单页还是多页，都可以变得更丰富和有层次。但以全局视角来看，上述方法虽然在效果上有效，但就 H5 的设计来说还会有些不足，很有可能最后做出的 H5 的每一页的内容都是差不多的样子，一旦翻页多了，看上去就会显得呆板。

所以，在设计 H5 时还要考虑到**节奏体验**。就拿电影和文学作品来举例，凡是好看的电影和小说，它们在内容设计上都有制造节奏的技巧。

比如好莱坞的很多商业电影都有非常完善的节奏设计，每一部商业电影都至少要给观众安插两个情节"高潮"。以一部 90 分钟时长的电影为例，你会发现电影的节奏高潮会集中出现在第 10 分钟和第 80 分钟左右。这种节奏设计能非常好地调动起观者的情绪，吸引观众关注电影接下来的内容。常规的电影节奏如图 5-30 所示。

而一篇吸引人的文章或小说需要"起承转合"的框架，会经历**叙述—产生矛盾—解决矛盾—最后收尾**的过程，是一种隐形的节奏设计。那些在朋友圈刷屏的推文或小说中都有巧妙的节奏设计，而 H5 和它们一样。文章和小说的一般节奏如图 5-31 所示。

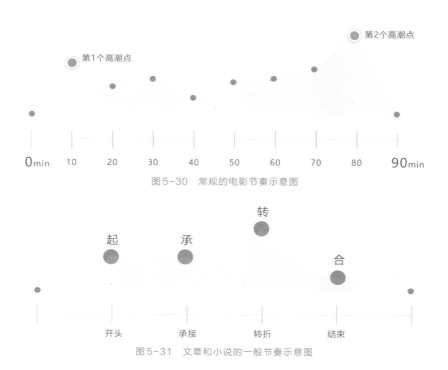

图5-30　常规的电影节奏示意图

图5-31　文章和小说的一般节奏示意图

如果H5的内容是一组以翻页的方式来进行展示的内容，我们完全可以借鉴电影和小说的叙述方法，通过创造节奏感来达到吸引用户注意力的目的。我们来看常规H5的节奏型，如图5-32左图所示，你会发现大家往往会把第1屏的内容制作得很华丽，而在制作后面的内容时就像是流水账单一样，随着浏览的页面越来越多，这种"高起低走"的节奏会造成观看者的情绪和注意力越来越低下。

当你带入了节奏感的思考后，你马上就会发现其中的问题。我们如果把电影的节奏设计方法运用到H5的设计中，你就会发现H5的节奏变得完全不同，如图5-32右图所示。我们可以试着把H5的第1屏设计得十分简单，可能就是只有一句话那么简单，而把更复杂和精致的设计放在第2屏，或者放在最后面的位置。这样整个H5的节奏感就会完全不同，观看者

图5-32　普通H5的节奏型和根据电影特征调整的H5的节奏型

的情绪也会逐渐被调动起来。

本节的最后，我们再来看一个节奏感设计得比较巧妙的 H5 案例，它的内容设计就非常有节奏感，整个 H5 会让观看者的情绪处于逐渐爬升的状态。

你会发现，这个 H5 的整体内容的体验过程有一个逐渐升级的感受，如图 5-33 所示。直到最后，当一大堆设计要求堆积到一起并与极低的设计费形成巨大反差时，情绪的体验达到了高潮，这让这个 H5 更加吸引人们的关注。

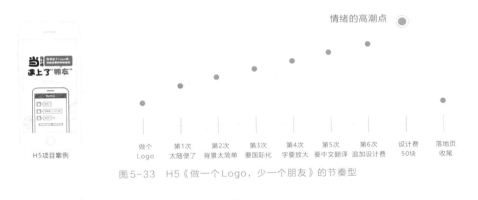

图 5-33　H5《做一个 Logo，少一个朋友》的节奏型

「章节总结」

- 页面原型图的绘制非常必要，但并不需要太过于复杂；

- 在 H5 页面的氛围设计上，本章讲解了颜色的冷暖特征、4 种常用的风格和 3 阶配色方法，还向大家推荐了一些配色工具；

- 在版式设计的问题上，本章为你讲解了焦点法、3 阶排版法、连续统一法和节奏规则这 4 个最为关键的知识点。

下一章：小呆会和你聊聊如何更好地设计 H5 的文字和页面元素。

6

第6章
元素与文字设计技巧

6.1｜H5的视觉设计技巧

6.1.1 图形永远好过文字

在设计画面时，要注意一个总原则：**更多地利用图形来展示信息，而不是文字；把文字转化成用户更容易看懂的图形（这里的图形泛指图形与图片）。**

菜谱设计就是非常好的例子，文字描述的菜名在视觉上是无法给人直观感受的，但图形就不同了，它们可以减少视觉上的阅读障碍，让信息更易传递给观看者。那些带有配图的菜谱肯定会更容易勾起你的食欲，如图6-1所示。

图6-1　图片、图形与文字的效果对比图

通常来说，不需要自己绘制图形。本书在第3章中已经为读者介绍了大量素材网站，你只要通过素材库就能找到很多高质量的素材。如果想要自己制作素材，就需要利用Photoshop、Illustrator这些软件来绘制图形或者修改图形。对于初学者来说，能够对图形进行适当修改就可以满足大多数设计要求了。

6.1.2 页面元素要尽量统一

因为我们的素材都是从不同网站找到的，组合起来难免会显得不统一，视觉效果也经常不理想，所以建议在使用素材时最好是成套、成组的素材，特别要注意素材的颜色、风格和大小的统一。以图6-2所示的图标素材为例，左边是不统一的图标，中间是只有风格统一的图标，右边是风格和颜色均统一的图标，你会发现成组和统一的素材会有更好的视觉效果。

图6-2 不统一的一组图标，风格统一的图标，以及风格和颜色均统一的图标

这意味着日常素材的积累非常关键，素材收集得越全，样式越多，在做页面设计时就越得心应手。如果大家想要更好地掌握修改素材和使用素材的具体方法，可通过下方的二维码观看为你制作的教学视频。

延展内容：

教程视频（3）：利用设计软件修改网络素材

< 扫描右侧二维码，观看延展知识内容 >

6.2 | H5 的图片设计技巧

图片在H5中的应用最为广泛，很多H5也都是以图文形式进行展示的，图片会直接影响页面效果。在图片的使用上，本节为你总结了4个原则。

6.2.1 尽量使用全图

在单个页面中，建议大家尽量使用全图，也就是能够完全覆盖手机屏幕的图片，让图片完全填满屏幕，这样会显得画面饱满、完整。我们在看杂志和书籍时，也会有类似的感受：在一张单页中，图文混排得再精美，也不会比整张图充满页面所带来的视觉冲击力更强。

从图6-3中你可以看到，单页1在版式上的视觉效果已经比较出彩了，但当背景图充满整个屏幕时，也就是调整为单页2的效果时，画面变得简单了，视觉效果却更好了，那些之前花了很多心思加在单页上的装饰元素反而多余了。

图6-3　H5《致匠心》的A4纸图片排版演示效果图

6.2.2　可营造空间感

图片的内容都来自真实的世界，它记录了真实世界的空间、人物和各种陈设。在真实世界中，我们拍摄图片时总会带有不同的视觉角度，如正视、仰视和俯视，如图6-4所示。这

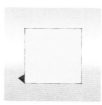

45°正视图-立体　　　　正视图-平稳　　　　仰视图-高大　　　　俯视图-渺小

图6-4　常见的4个角度的视图

些拍摄感受也会被带入到图片中，例如，仰视会给人高大的感受，俯视会给人渺小的感受，平视会给人平稳、稳定的感受，等等。

因为这些特征的存在，所以我们在表现不同主题时一定要在空间感上尽量带入角度的思考，让图片的角度特征尽量符合主图。图6-5所示的两组案例各自采用了完全一样的图片，在搭配标题的情况下，当蓝天面积较大时，画面的开阔感就强；当陆地面积大时，画面的拥挤感就强。

而在构图上，当出现面孔和动作时，要利用好这些带有引导性的图片信息，它们能够让页面变得更有趣，让标题和图片内容产生联动。如图6-5所示的仰望的猫，小猫的视线一直朝着画面上方，当标题在上方时，画面有俯视效果，小猫就显得渺小，有被压制的感觉；当标

图6-5　同样的一组图片和标题，不同的空间位置，带来不同的观看体验

题在下方时，画面有仰视效果，小猫就显得高大，画面更开阔。同时，你能看到因为猫有具体的动作，所以标题和画面内容产生了联动。从这个案例你会发现，同样一张图片，只要在位置上进行一些非常微小的调整，就能让图片和标题给人不同的感受，这是一种非常实用的图片使用方法。

6.2.3　多用特写图片

手机屏幕小，能展示的信息有限，当我们用大屏幕展现全景画面时，你肯定会在视觉上觉得

震撼，但如果改为用手机屏幕来展现全景画面，视觉上的感受就会完全不同了，这是人们的观看习惯决定的。如果可以，请尽量使用特写图片，因为特写图片展示出的物体大小会更接近真实世界中的物体大小，特别是水果、钥匙和书本这样的小物件，就特别需要利用特写图片来展示。通过扫描图6-6所示的二维码，你会看到3个演示案例的比较明显的对比效果。

扫描二维码，观看案例

图6-6　细节与全貌的对比演示图，须通过扫描二维码观看效果

从案例中你会发现，同样是用图片展示信息，只展示局部比展示全貌的效果要好得多，但前提是图片素材要足够清晰。

6.2.4　图片版式要统一

我们在前文的色彩、版式和视觉章节中在不断强调"统一"这个概念，可见"统一"对于

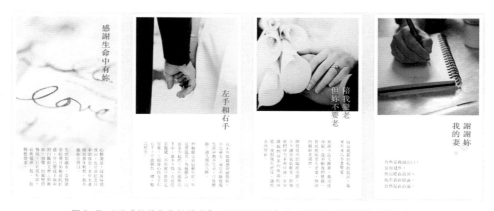

图6-7　H5《首草先生的情书》，采用了不同角度、相同色调的图片来增强氛围

图6-8 H5《京东-荣耀的守护》，采用了近似角度、色调相同、配色相同的图片来增强氛围

H5设计的重要性。在使用图片时，不管图片是什么样的版式和大小，它们最好能做到色调、空间和景别等特征的统一。可以是一个特征的统一，能做到一个特征的统一，画面的感觉就会比较一致了，如图6-7和图6-8所示的H5案例。

6.3 | H5的标题设计技巧

标题是整个画面中最重要的信息点，在页面中充当视觉焦点，会以一级信息的重要性存在。因为标题设计非常重要，所以对初学者来说，标题也是最让人头疼的设计部分。在这一节讲解4个可以采用的标题设计技巧。

6.3.1 标题的空间

对于标题设计来说，我们最直观的感受是标题肯定比较大，而且看上去比较醒目。这样理解是没错的，但更为准确的理解是，我们在设计H5的标题时要尽量呈现出方形区域的特征，而不是在平面设计中的长方形区域，因为相对于海报的尺寸来说，手机的显示范围更加细长，想要标题更大，就要以方形区域作为范围，如图6-9所示。

图6-9   纸张与手机的标题区域对比图

为了让字体被放置在合适的区域中，我们需要对标题文案进行一定优化。有时，对文案的删减也至关重要，文案不建议太长。如果字数太多，不仅排版困难，而且文字的识别性也会被减弱。一般来说，主标题和副标题的字数在8到16个字之间为最佳，字数太少会不容易做变化，字数太多又会摆放不下。从图6-10我们可以直观地看出：当字数较少，区域为方形时，标题醒目；当字数较多，区域为长方形时，标题识别性较弱，而且就算你用非常夸张的文案进行描述，这个情况依然不会有任何改善。

图6-10   符合方形区域位置的标题要比不符合的标题醒目

6.3.2 标题的层级

在设计标题时，如果只是直接把标题文字放在方形位置，马上就会发现字库中的文字虽然精美，但放大后会变得呆板，标题虽然醒目了，但也失去了美观性。

想解决这个问题，除了尽量选择较好看的字体之外，还需要做一些必要的设计。首先，将字间距调紧一些，因为这样可以让标题看上去比较紧凑；其次，要让主标题与副标题有一个明显的反差，通常最为有效的做法是改变主、副标题的文字大小和粗细。虽然这两点很简单，但确实非常有效，粗细不同的字体在同一个标题中就会有视觉层次的变化，在视觉上就会有呼应和层级。

在这个基础上，如果能再添加一些装饰元素，比如线框、英文、三角和图形装饰，标题就会变得更加美观，如图6-11所示。

图6-11 标题设计教程图

文字优化＋字体紧凑＋粗细组合变化＋点缀装饰，能够完成这4步，标题就会变得比较美观了。在设计标题时要特别注意，颜色和字体的使用都不要太多，颜色最好能控制在3种以内，这样能保证画面不会太过于凌乱。

以"一个醒目的大标题"为例，图6-12所示的是作者为大家制作的不同风格的标题演示图。

在标题加入线框和三角元素　　　　　在标题加入竖线和线框元素　　　　　在标题加入直线和对话气泡元素

图6-12　标题的风格效果

6.3.3　标题与图形

为了让标题美观，我们还可以为标题加入一些辅助性图形，可以把标题中的某个文字、某个词语的信息转化成图形。不需要改动太多，只要一点点调整，就会让标题显得更加有趣和生动。我们来看图6-13所示的几个案例，在原标题的基础上仅仅做一些小改动，标题就变得和之前有很大区别了。

为标题加上类似网页的搜索框，增加氛围感　　　　　　　　修改数字加入文字，增加氛围感

为标题加上与艺术有关的元素，增加氛围感　　　　　　　为英文加上相关主题图标，增加氛围感

图6-13　标题与图形的应用

6.3.4　标题与背景

在使用整张图作为背景时，我们要特别注意标题与背景的关系。设计好的标题直接放在背景图上，有时会显得页面效果非常凌乱，尤其是当标题比较复杂时。想要解决这个问题，我们可以从两个维度入手。

1.为标题增加阴影、底色或者投影，这样可以让标题与背景产生距离，从而分离开。

2.调整背景图或弱化背景图。要知道，在标题页面中，标题是最重要的信息点，如果背景图干扰了标题的信息识别，就完全可以选择删掉背景图。但通常来说，只要我们对图片做一些处理，就能够解决这个问题，如图6-14所示。

背景图太复杂，标题不突出　　　　为标题增加描边、投影让标题明显　　　　改变背景图与标题色调，让标题明显

图6-14　标题与背景的应用

如果你想更直观地理解标题的制作方法，就扫描下方二维码，你可以观看到为你制作的关于标题的教学视频。

延展内容：

教程视频（4）：教你制作H5的大标题

＜扫描右侧二维码，观看延展知识内容＞

6.4 | H5的正文设计技巧

H5的正文展示在重要程度上要高于画面，以及相应的动效和装饰，因为重要的信息都是要靠文字传递的。很多H5内的正文设计都特别随意，如图6-15所示，字数多，文字密集，内容积压在画面内。这些文字你读起来不累吗？这样的文字堆积在一起，你真的愿意去阅读吗？

图6-15　文字太多的页面效果

如此重要的文字信息却被比文字次要的画面和动态所影响，这是完全错误的设计方法。所以，在设计文字时要时刻注意几个要点。

6.4.1　压缩内容量

页面的文字量一定要尽量压缩，文字多时要尽量去删减。如果无法删减，我们可以将文字分到更多页面中去展示，这样会更方便阅读和观看。如果有特别多的内容要展示，而且真的无法删减的话，那么最好的方式是将文章单独做成一篇适合阅读的外链文章，例如一篇公众号的微信图文，然后在H5内通过外链去观看。

在压缩内容量的同时，文字之间的行间距也要拉大。通常来说，行与行的间距是你使用字号大小的1.5 ~ 2倍，这样处理过的页面，看上去才不会太累眼睛。图6-16所示的是3种压缩文字量的方法。

要知道，H5不是电子书，试图在H5内堆积文字的任何尝试都是错误的。你应该设身处地的去思考，当你观看这样的H5时，你真的愿意去阅读文内的大篇幅文字吗？

图 6-16　在页面中压缩文字量的 3 种方法

6.4.2 控制字号

不管文字量的多与少，H5 正文的文字最好用同一个字号。正文的字体太多了，会显得内容粗糙；字号太小了，我们又会看不清楚。通常来说，移动端 H5 的字号的范围为 14px ～ 20px。例如，微信聊天正文的字号就是 15px 大小，而微信界面内的文字的字号则是 17px，如图 6-17 所示，比较适合阅读。当然，正文字号再大一些也没关系，但如果超过 25px，大段文字的描述就会变得不够美观了。

图 6-17　微信常用字号

根据页面内容，字号控制在这个范围就可以了，切莫太大或者过小。如果你对字号不敏感，这里再教大家一个比较直观的判断标准。对于正文来说，我们以 iPhone 6 屏幕大小为例，通常页面正文一行能够控制在 20 ～ 28 个字时，内容阅读起来是比较合适的，用户能获得一个比较合适的阅读感受。

6.4.3 字体及其颜色

正文字体最好不要使用彩色，最好的颜色选择是黑、白、灰这些没有色相的颜色，它们较容易和背景做搭配。当页面是深色背景时，我们可以使用白色的正文；当页面是浅色背景时，我们可以使用黑色和灰色的正文。图6-18所示为不同背景色和不同正文颜色的搭配效果对比。

白底黑字 - 文字识别性最好　　　　纯底白字 - 文字识别性最好　　　　纯底彩字 - 文字识别性较差

图6-18　背景颜色与字体颜色的对比

在字体的选择上，建议少用花哨、复杂的字体，如特殊字体、宋体等字体都不太适合用于正文，尽量多使用无衬线类字体，这里推荐大家使用苹果丽黑、微软雅黑、思源黑体和兰亭黑体这些成套的字体作为正文字体。图6-19所示的是几种字体的对比效果。

这些字体的好处在于设计比较简约。字体设计都出自专业级团队，而且这些字体都有粗、中、细体等各种款式，是成套的，比较系统化，所以推荐大家使用。

在字体的选择上，建议少用花哨、复杂的字体，如特殊字体、宋体等字体都不太适合用于正文，尽量多使用无衬线类字体，这里推荐大家使用苹果丽黑、微软雅黑、思源黑体、兰亭黑体这些成套的字体作为正文字体。	在字体的选择上，建议少用花哨、复杂的字体，如特殊字体、宋体等字体都不太适合用于正文，尽量多使用无衬线类字体，这里推荐大家使用苹果丽黑、微软雅黑、思源黑体、兰亭黑体这些成套的字体作为正文字体。	在字体的选择上，建议少用花哨、复杂的字体，如特殊字体、宋体等字体都不太适合用于正文，尽量多使用无衬线类字体，这里推荐大家使用苹果丽黑、微软雅黑、思源黑体、兰亭黑体这些成套的字体作为正文字体。
黑体字正文 - 识别性较好	宋体字正文 - 识别性略差	手写字正文 - 识别性最差

图6-19　字体对比图

6.4.4 字体装饰

正文字体的装饰设计主要指在设计正文时，根据页面内容的主题，适当加上一些修饰元素，这些元素一定不能太过抢眼，要能较好地起到辅助作用，而不会干扰阅读。这里我们来看几个页面内使用正文的例子。图6-20所示的装饰元素达到了强调内容的效果，同时也不会影响正文阅读。图形类装饰元素主要起到了加强内容氛围的作用，让内容与主题更加契合；点缀类装饰元素的主要作用是让正文更加有条理和清晰，让文字阅读起来更加容易。还是那句话，正文的装饰元素不宜过多，稍加点缀就能起到画龙点睛的作用。

图6-20 字体装饰元素

[章节总结]

– H5的视觉设计要有将文字描述转换为图形的思路；

– 在使用图片时，本章节给大家总结了4个关键原则；

– 在设计H5的标题时，同样也有4个主要原则；

– 在设计H5的正文时，有4个关键点。

希望你能够牢记，并熟练运用这12个原则和关键点。

下一章：小呆会和你聊聊H5的动效设计。

7

第7章
动态设计技巧

>

7.1 | H5动态基本常识

我们通过眼睛观察世界，而在眼睛观察到的所有事物当中，往往动态的事物是最容易吸引注意力的，它的强度要远远高过色彩和图形，如图7-1所示。

图7-1 动态、色彩和图形的关系图

动态效果可以说是H5特有的，传统设计是静态的，但H5设计具有动态性。对于H5来说，因为普通用户接触到了更具备吸引力的动态页面，所以大多数用户会不满足于静态页面的展现，二者相比，静态内容往往吸引力较弱。

又因为手机屏幕的面积相比传统纸张媒介的面积更小，无法像平面海报那样有非常大的空间来展示信息，所以H5更加需要通过动态效果来加强内容的表现力。在学习动态设计之前，还需要先了解一些基本动态知识。

7.1.1 正确理解动效的作用

动效虽然最能吸引人的注意力，但动效又是一种没有实质性内容的效果，因为动效不像文字、图形和色彩那样可以实实在在地存在于页面当中，它一旦播放完毕，效果就没有了。动效是无法携带具体信息和内容的。

H5需要传递的信息往往要通过图形、文字和色彩来携带，我们在前文也讲到过，每支H5都需要以突出关键信息作为主要目的，而动效是最具吸引力，但又无法携带具体信息的效果。在这样的矛盾下，你会发现，虽然动效最具吸引力，但大多数情况下，它的这种吸引力会干扰我们阅读页面的信息，只有将动效应用在突出主要信息时，动效的强吸引力才会与凸显关键信息达成一致。

这也就意味着，在H5设计中，动效往往起到的是辅助作用，而不是主要作用。动效的使用要非常克制，要适可而止，因为动效本身不能传达任何信息，最多就是能渲染出一些氛围。

目前在很多的 H5 设计中经常会有动效使用过度的情况，这样的 H5 会让人的视觉非常疲惫，而且会影响主要信息的展示。扫描下方二维码，通过案例对比，你会很直观地看出动态效果被用过头的情况。

延展内容：

动态演示：太过于花哨的动效

< 扫描右侧二维码，观看延展知识内容 >

正确理解动效的作用后，我们在设计 H5 时要更多地做减法，而不是加法，这是 H5 本身的功能特征决定的。

7.1.2　动效要还原物理特征

要知道，一切设计行为都是对现实世界的一种抽象和简化，比如图形、色彩，它们都是从现实世界中提炼出来的元素。动效也一样，它也是我们从现实世界中提炼出来的。动效的展示和运用应该符合物理世界的特征和法则，这样的动效才会看上去比较自然。有不少动效会让人觉得死板、生硬、不流畅，甚至会让人很不舒服，这样的动效就是不符合客观现实的，也

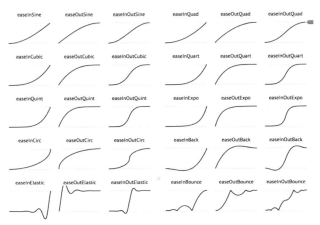

缓动函数列表

这是通过函数模拟出的物体在物理规律下的运动变化曲线。从图中你会发现，物理法则对物体的运动会造成非常大的影响。

图 7-2　通过缓动函数模拟出的物体运动曲线

是缺乏了对物理世界特质的还原的。图7-2所示的是通过缓动函数模拟出的物体运动曲线。

在真实的物理世界当中存在着惯性、加速度和重力等运动法则，如果动效能让人联想到现实世界中的这些特征，那么它看上去就会自然得多，你的眼睛也会舒服得多。例如，惯性会让汽车在司机踩下刹车后仍然无法停止；物体在下落时速度会越来越快；皮球会在你结束拍打后，因为重力作用，弹起的高度变得越来越小，如图7-3所示。这些我们生活中见到的物理特性都可以运用在动效设计当中。

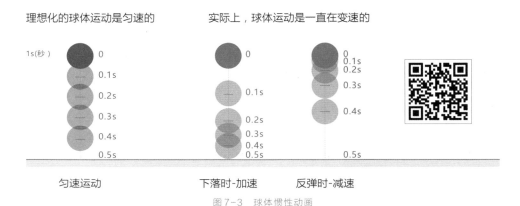

图7-3　球体惯性动画

所以，在设计动效时，我们要遵守一定的物理法则，让动效能够还原物理世界的一些特性。

7.2 | 内页动效设计

7.2.1　内容展示动态特征

单个页面的动效是我们接触到的最多的动态设计。通常我们在利用H5工具做内页时会接触到很多动效，如滑动、渐变和位移等。图7-4所示的是在不考虑方向时，我们常见的动效。面对这么多动效，我们应该怎么去应用？

这里的原则就是，要根据具体对象特征来使用动效。

①根据面积大小来使用动效。在设计时，往往面积越大的物体，它的移动就会越慢，形体旋

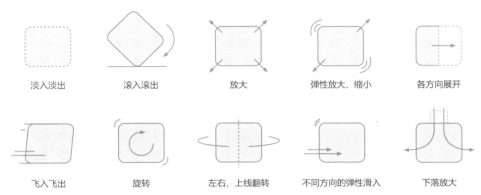

淡入淡出	滚入滚出	放大	弹性放大、缩小	各方向展开
飞入飞出	旋转	左右、上线翻转	不同方向的弹性滑入	下落放大

图 7-4　在不考虑方向时，我们常见的动效

转与变化幅度就会越小；反之，面积越小的物体，它的速度就会越快，形体和旋转幅度就会越大。对象面积的大小直接影响了动效的强弱。

②根据形体元素的物理特征来使用动效。如果元素是一些静态物体，如房屋、道路和天空，如图 7-5 所示，那么在设计动效时，最好不要让它们有运动，因为这不符合你在真实世界

房屋	道路	天空

图 7-5　这些物体不适合添加动效

羽毛	布料	布娃娃

图 7-6　这些物体适合添加缓慢动效

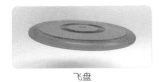 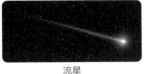 

飞盘	流星	球体

图 7-7　这些物体适合添加快速动效

的感受，可以加上其他动效，例如，羽毛、布料和娃娃这样的元素，如图7-6所示，它们的运动在设计时最好能够缓慢一些；球体、流星和飞盘这样的元素，如图7-7所示，它们的动效就可以设计得非常快速。类似的例子有很多，就不再一一列举了，通过扫描下方二维码，你可以看到一些物体和元素的运动特征。

延展内容：

动效演示：场景、轻物体和快物体的动态对比

< 扫描右侧二维码，观看延展知识内容 >

总的原则就是，在页面进行元素的动效设计时，要参考元素的面积大小和物理特征这两点。带着这个原则，我们再去重新看看模版库提供的那些动态效果库，你会发现模版库的大部分动态效果都是没有用的，是在扰乱我们的视觉。

7.2.2　运动样式的统一

当熟悉了动效设计的规律后，你会发现在设计整支H5时最常用的其实是**位移**和**渐变**这类最简单的动效。而翻转、变形和跳跃这样的幅度大的动效，看上去很花哨，但其实并不实用，因为这样的效果很难和页面内容元素相互融合，用不好就会让页面显得非常凌乱，就像是工具网站上出售的那些模版一样，花里胡哨的以各种方式"飞"出来了一大堆东西，全是些没有意义的动效，它们只会干扰用户观看有用的内容信息，割裂用户的观看体验，如图7-8所示。

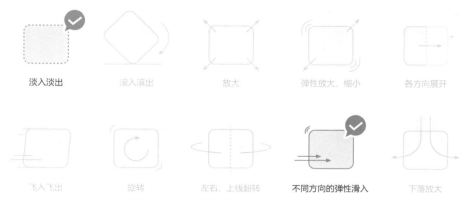

图7-8　从图中描述你会发现，那么多动效，最常用的不过一两种

我们真正要在动效上花的功夫，其实是做到动效展现上的统一，而不是把效果库里的动态全用一遍，后者会破坏统一性，会分散用户的注意力。这里，针对同一组元素来看一组页面动态演示，通过扫描下方二维码观看统一动效和不统一动效的差异。

延展内容：

动态演示：运动统一与不统一的动效对比

< 扫描右侧二维码，观看延展知识内容 >

7.2.3　动效展示的层级

在 H5 设计中，每屏页面的动效肯定不止一组，甚至有些页面会需要多个动效来展示不同关键程度的信息。遇到这种情况时，我们就需要引入层级的思考了，简单来说，就是要有谁先谁后、谁快谁慢的顺序，而决定这个顺序的往往是页面的内容。

我们要事先根据重要程度把页面的内容划分成若干组，把重要信息和次要信息进行 1、2、3 级分组，让重要信息先出现、次要信息后出现。而速度的快慢则取决于主题内容的特征。要注意的是，任何一屏页面的动态展示时间都最好控制在 2 ~ 5 秒，展示的过程不要太过缓慢，这也是移动端页面的一个原则，能快就一定要快，就算信息再多，也要尽量把所有内容都设计在 5 秒内展示完毕。

延展内容：

动态演示：有层级与无层级的动效对比

< 扫描右侧二维码，观看延展知识内容 >

7.3 | 转场动效设计

7.3.1 最实用的转场效果

我们在模版库里会看到很多转场动效，如图7-9所示，内容和形式很多，要怎么去选择合适的转场动效？

转场动效往往展示面积大，持续时间短，在H5中主要起承上启下的作用，是上一屏与下一屏的连接。这个连接的过渡要自然，让用户意识不到转场的存在，这样用户观看内容的连贯性才不会被打断。

带着这个原则去设计H5转场动效，你会发现很多常用的转场方式都是不合适的，最好用的反而是最简单的转场动效——**直接翻页的转场效果**。因为该转场效果的变化最小，在视觉上的影响也最小。其他效果，如立体转场、变形转场和旋转转场的效果，因为效果太过强烈，所以在页面转场过程中会分散用户的注意力，反而影响用户体验。

图7-9　通常在H5模版库能看到的转场动效

除非特殊的题材内容需要利用特殊的动效来强调主题，否则不建议使用这些复杂的效果，最好用的还是简单的效果。

7.3.2 **转场效果的时间**

既然转场的目的是要达到自然的过渡效果，那么整个过渡的速度就不能太慢，也不能太快。太快会打乱节奏，给人很突然的感觉；太慢会让人觉得拖沓，会破坏 H5 的过渡节奏。

通常来说，转场速度设置在 0.5 ～ 1 秒是比较合适的。通过下方案例演示，你会有一个比较直观的感受，了解到快节奏与慢节奏对页面效果的影响。

延展内容：

动态演示：页面转场动效对比

< 扫描右侧二维码，观看延展知识内容 >

针对一些特殊题材，我们确实可以采用特殊转场。这里我们也为你找到了一个有趣的演示效果案例，你会发现转场对内容体验起到了非常好的催化作用，"立体翻转"的转场效果在搭配运动的漫画内容时，确实比常规的翻页转场更有视觉表现力。

可以说，效果都是为内容服务的，没有绝对的标准，有效地展示内容才是最终目的。

延展内容：

H5演示案例：页面特殊转场动效（立体翻转）

< 扫描右侧二维码，观看延展知识内容 >

7.4 | 功能动效设计

它是在页面中出现的最小动态效果。这类动效往往展示面积小，持续时间长，一般会出现在引导用户点击按钮、图标和内容的位置上，如图 7-10 所示，它们利用持续的运动来提示用户去完成具体操作。它虽然强度低，但实用性高，又因为面积特别小，就算在页面内一直运

图7-10　一些带有按钮的H5页面，这些按钮都可以添加动效

动也不会影响到用户阅读页面的体验。

在设计时这类动效容易被人忽略。如果你的H5页面内有引导按钮，那么建议加上这种动效。现在的H5工具都有现成的效果可以使用，如果H5工具内没有现成的效果，我们也可以专门制作，制作方法还是比较简单的。

有一点要注意，当引导动效出现时，页面内的其他动效都应该是播放完毕的状态，页面最好已经处于静态，因为此类动效的面积小，视觉效果上比较弱，很容易被其他动效干扰。

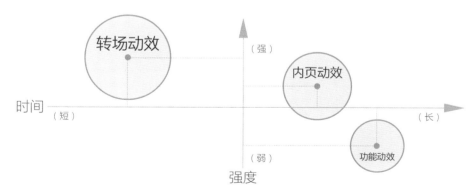

图7-11　转场动效、内页动效和功能动效三者在时间与强度上的差异

在动效这一章节，我们为大家讲解了页面动效、转场动效和功能动效三者的关系，我们可以通过图 7-11 来直观进行了解。

动效设计是需要深入学习的内容，但对于 H5 的初级设计者来说，能够掌握和理解这三大类动效的基本特征和使用方法就能够让 H5 更有表现力了。相信通过本章的学习，你对动效设计会有一个新的认识。

[章节总结]

– H5 的动效设计要注意理解动效的作用和还原现实世界的物理特征；

– 在设计内页动效时，我们要注意运动样式的统一和运动的层级；

– 在设计转场动效时，我们要注意转场动效的方式和时间；

– 最后，不要忽略功能动效的重要性。

下一章：小呆会和你探讨如何设计 H5 的音效。

8

第8章
音效设计技巧

>

8.1 | 如何看待音效

8.1.1　听觉和视觉哪个更重要

从我们的体验来说，大多数人会觉得视觉比听觉重要，视觉更加直观和明确，声音却看不见，也摸不到。但实际情况并不是这样，听觉和视觉同为人类的五感之一，它的重要性和视觉是平级的。听觉与其他4个感觉是相辅相成的，如图8-1所示。

眼睛在接收信息时更直观，却是被动接收的特征，视觉上的东西是很难让你的身心发生强烈反应的。听觉就不同了，声音是以波的形式存在和传递的，它可以直接和人的身体发生生理上的反应，声音的强弱与特征会直接影响到你的身心，我们往往很容易因为一段音乐或声音而产生很强的情绪波动，画面就很难做到这一点。

仔细回忆一下，那些你特别喜欢听的音乐，究竟是听音乐更容易感染你，还是看画面更容易感染你？

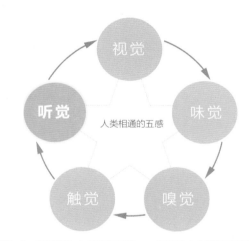

图8-1　听觉作为人类的五感之一，与其他4个感觉相辅相成

从理论的描述（如图8-2所示）来说，听觉属于硬接触，视觉则是软接触。如果人失去了听力，可能会连站都站不起来。

既然声音这么重要，大家又为什么总会忽略它？这是因为目前比较成熟的设计理论都是基于纸媒介的，互联网设计是近些年才开始崛起的，对声音设计的诸多研究目前还在摸索中，成

图8-2　声音理论的描述

熟的体系和规范都还没有出现，所以我们才会轻视声音的表现力。在制作 H5 时，音效如果用得出彩，H5 的加分将会非常高！

参考同样需要声音的电影和视频广告，看电影和看广告视频时，你难道能忍受没有声音吗？会不会觉得简直就看不下去了？在这些领域，声音的设计非常关键，同样是**视觉＋声音，**为什么我们 H5 的音效就被忽视了？想到这里，你是不是能意识到音效的重要性了？

8.1.2　声画对位关系

音效这个词听上去就给人一种复杂的感受，有没有一些简单的办法能够帮助我们制作出好的音效？

这里有一个概念非常关键，它来自电影理论，这个概念叫做**"声画对位"。**简单来说，就是画面和声音一同出现时，一定要达到一种照应关系。这种照应关系越好，声音和画面给人带来的感觉就会越好。为了让大家理解概念，我们来看一支广告片。通过下方二维码，你可以直接观看视频。

延展内容：

视频：本田周年创意广告片

< 扫描右侧二维码，观看延展知识内容 >

你会发现，视频内的所有动作都与声音达到了对位效果。如果你关掉声音，只看画面，观看整支视频的体验就会变得索然无味。

相似的案例还有很多，如平时朋友圈流行的刷屏小视频，也都是"声画对位"用得比较好的案例。这里给大家看一些小视频演示，通过下方二维码，就可以看到这些小视频了。

延展内容：

视频：创意小视频合集

< 扫描右侧二维码，观看延展知识内容 >

对于初学者来说，不可能像广告片那样做到每段画面都能对应每段音效，但是你只要在音效的设计上能够做到页面氛围与音效氛围保持一致，就可以创造出感染力了。那么究竟应该怎么做？

8.2｜背景音效制作技巧

8.2.1 如何获得合适的音效

有经验的设计师看到画面就能想到对应的音效，这是长久积累设计经验的结果，但对初学者来说，还是具体方法更为实用。

我们最常用的方法就是"**热搜**"，通过关键词来找到对应主题的音效，而且你会发现真的很容易就能找到想要的音效。利用本书第3章推荐的素材库，你可以输入如喜庆、促销、欢乐和忧伤等名词，就能获得相关音效。你的画面感觉究竟更偏向于哪个调性？你同时可以借用第5章所讲述的视觉知识来帮助你判断画面的调性。

本书收集了一些比较合拍的画面与音乐搭配的演示，通过扫描二维码，可以看到相关案例。

延展内容：
动态演示：音效与画面的合理搭配

< 扫描右侧二维码，观看延展知识内容 >

关于搜索音效的技巧，通过扫描下方二维码，你可以看到为你提供的视频教程。

延展内容：
教程视频（5）：音效搜索教程

< 扫描右侧二维码，观看延展知识内容 >

8.2.2　尽量不要使用歌曲

很多人都是直接在模版库或者网站上找到一首觉得合适的歌曲，然后直接用在 H5 中的，这个做法是不可取的。你要知道，歌曲和音效是不同的，一首完整的歌曲的制作思路和制作方式决定了歌曲的复杂性，为了让歌曲好听，一首歌的节奏会非常复杂，携带的信息量非常大。

你稍微想想就会觉得有些别扭了，一边听着歌词里讲着的内容，一边看着 H5 页面的各种推广信息，这样的"声音＋画面"的组合到底是增强了体验感，还是扰乱了体验感？

这也就意味着，常规的歌曲是无法和具体页面内容做搭配的，因为"歌曲＋人声"的音乐太过复杂，它和画面很难达到相互融合，经常会是相互对立的关系。或者是，一首歌只有一部分和画面是合拍的，剩下的都是对立的。

这就是为什么很多 H5 会给你特别乱的感觉，因为画面是画面，音乐是音乐，相互之间没有呼应。所以，尽量不要使用歌曲，而应使用没有人声的音乐。

8.2.3　音乐要短小

音乐相比歌曲的好处是无人声，信息量少，能让观看画面的人不受歌词的影响，有更多注意力看画面。

一首音乐同样也是一个独立的个体。一首主题音乐的长度通常在 3 ～ 4 分钟，在这个长度中，音乐的情绪会呈现出"起承转合"的变化，如图 8-3 所示，每一段音乐在播放过程中会给人截然不同的感觉，也许前奏是欢乐的，但高潮就变成了悲伤的，对于音乐自身而言，这是合适的，但当你拿音乐和画面搭配时，就会发现问题了。

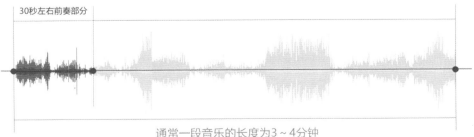

30秒左右前奏部分

通常一段音乐的长度为3 ～ 4分钟

图 8-3　一首主题音乐的长度

我们的H5往往都有一个比较固定的调性，如果你直接采用这样的音乐，很可能前半段音乐和画面还挺搭配的，但后半段就完全不搭了，你的H5也会变得非常奇怪，用户体验也会受到影响。

为了解决问题，我们通常需要做音乐的截取，只保留需要的一段，其余的全部删掉，并让这段音乐循环播放。

这样做，一方面可以让页面的氛围和画面保持一致，另一方面还能使H5的体积变小。我们在观看H5时，通常也花不了太长时间，放一段3 ～ 5分钟长的音乐是非常浪费资源的。通常来说，H5背景音乐的长度建议控制在30秒左右（20 ～ 45秒）。

8.2.4　加入"淡入"与"淡出"效果

当获得了页面氛围一致、长度合适的音效后，我们是不是就可以直接把它用在H5里面了？这里还需要做最后一步工作，即为音效加入过渡效果。这里所讲的过渡效果主要指的是"淡入"与"淡出"。当然，你也可以利用各种软件为音效加入很多效果器，让音效变得更特别，但最关键的是加入"淡入"与"淡出"效果。

因为音效是裁剪过的，所以在循环播放时会非常不自然，加入"淡入"和"淡出"效果后，会让音乐循环播放变得自然，而且"淡入"和"淡出"能够让你感受到音效的开始与结束，让你觉得过渡更加平滑和舒适。

这个效果的实现也很简单，在音效的开始加入"淡入"，也就是一个音量逐渐变高的过程，在音效的结尾加入"淡出"，也就是音量逐渐变弱的过程。通常来说，"淡入"与"淡出"都在2秒钟左右就可以了，如图8-4所示。根据具体项目，也可以进行相应的调整。

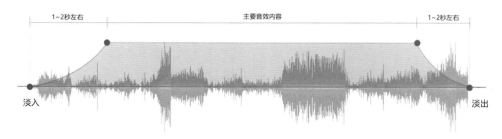

图8-4　关于音效"淡入""淡出"的原理演示图

8.2.5 学会采集音效

一些特殊音效还是需要通过采集来完成的。现在的音效采集并没有大家想象的那么难，目前适合手机上应用的采集工具非常多，如图8-5所示，而且效果都还不错，我们不需要专门去买收声设备来录音。

图8-5　音效采集工具

在做音效采集时，要注意以下几个关键点，如图8-6所示。

①每次录音前应选择较为安静的场景，特别是录制人声时，需要在没有杂音的环境下进行。通常我们会选择在深夜的房间里录制人声，因为那个时候环境是较安静的，这样做也是为了后期处理时人声能够更容易和背景音乐进行合成。

②录音前后最好预留2秒左右的时间，方便你后期裁剪和修改。

③为能够更好地和画面进行搭配，可以多录些预想效果，特别是环境声。我们很难搞清楚录制的素材是否能配得上画面，所以要尽量多录制一些素材。

④在录制环境声时，尽量不要出现人声，因为具体的人声会携带明确的信息，会干扰声音的节奏，这与不建议使用歌曲的原因相似。

⑤听演示效果时，建议尽量用耳机进行监听，而不是用音箱来听。

●环境安静　　●预留2秒　　●延长录制　　●环境音无人声　　●耳机监听

图8-6　采集音效要注意的关键点

为了大家能更直观地学会音效采样，本书还为你制作了一支教学视频，扫描二维码，你可以快速学会如何采样音效。

延展内容：

教程视频（6）：声音采样教程

< 扫描右侧二维码，观看延展知识内容 >

8.3 | 背景音效制作流程

8.3.1　用 GarageBand 制作音效

如果你是 Mac 用户，非常推荐你利用 GarageBand 这款软件来制作音效。GarageBand 是一款大众音效制作工具，是 Mac 电脑自带的工具软件，不需要下载该软件也在近几年更替了中文名为"库乐队"，在 iPhone 上有移动版本可以使用，如图 8-7 所示。

在制作音效时，我们需要了解的操作主要是这 4 点：

（1）音乐的裁切；（2）"淡入""淡出"效果的添加；（3）音效的混合；（4）音效的压缩。下面来具体演示软件的操作步骤。

GarageBand　　　　　　库乐队

图 8-7　音效制作工具

1. 建立编辑文件

打开 GarageBand，会弹出一个类别选项，我们点击"空项目"，会弹出另外一个轨道类型选项，我们需要点击带有麦克风图标的第二个轨道类别，这个类别就是专门进行编辑音效文件的轨道类别，这样文件就建立好了。步骤演示如图 8-8 所示。

点击软件

点击"**麦克风图表**"就可以编辑音效了

图8-8 建立编辑文件

然后我们需要导入要编辑的音效文件，导入的方式有两种，如图8-9所示。第一种方式，可以点击"文件-打开"命令，寻找到相关位置的mp3文件进行导入；第二种方式，我们可以采取直接拖曳的方式导入文件，直接将音效文件拖曳到工具面板，就可以完成导入了。

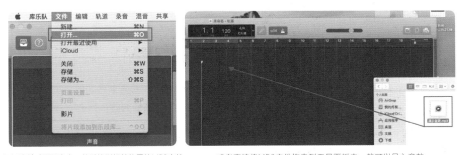

点击"**文件-打开**"命令，然后找到相关位置的MP3文件　　　或者直接将MP3文件拖曳到工具面板内，就可以导入音效

图8-9 导入音效的两种方式

导入完成之后，在工具面板中就会出现音效文件的包络线，这个时候也就是导入成功了，如图8-10所示。

这就是刚刚导入的.mp3文件
它以包络线的形式显示

图8-10 导入音效成功

2.裁切音效

按空格键，就会播放音效。播放头光标就会随着音效的播放而移动，播放头光标也可以用鼠标进行拖动。想要对导入的音效进行剪切的话，需要将播放头光标移动到你想要剪切的位置，然后按command+T快捷键，音效就会被裁切成两段。选中要裁切的部分再按delete（删除）键，就可以删除要切掉的音效部分了。裁切音效的步骤演示如图8-11所示。

把播放头光标移动到你想要裁切的位置，然后按**command+T（快捷键）**，音效就会被裁切成两段。

用鼠标点击选中要裁切的部分，然后再按键盘的delete（删除）键，就可以删除要切掉的音效部分了。

图8-11　裁切音效

3.“淡入”和“淡出”的添加

在工具栏中点击波形图，被选中时，波形图会变成黄色。然后按键盘上的A键，波形图部分会变成半透明状态，这个时候就是操作成功了。

利用鼠标在波形图上进行点击，你会发现波形图上会出现一条直线，这条直线就叫做包络线，你每点击一次，就会在包络线上多一个黄色的控制点。

这些控制点是可以通过鼠标进行操作的。向上拉控制点就会增大音效的播放音量，向下拉控制点，就会降低音效的播放音量。利用这种方式，我们可以非常轻松地制作出“淡入”与“淡出”的效果，具体操作步骤如图8-12所示。

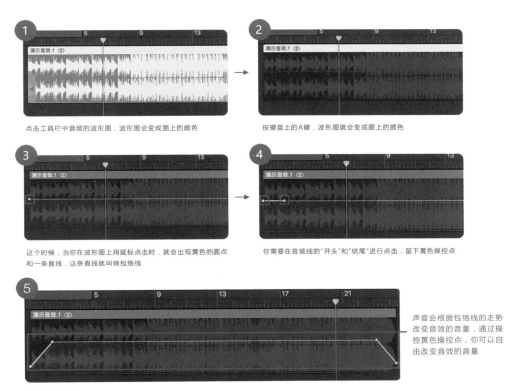

图8-12　添加"淡入"和"淡出"效果

4.多音效混合

如果想要进行音效的混合编辑，同时将多个音效文件合成在一起的话，操作方法也是比较简单的。你需要将新的音效文件拖曳到工具面板的空白位置，拖曳成功后就会出现一条新的波形图，如图8-13所示，这样就可以做音效的混合了。

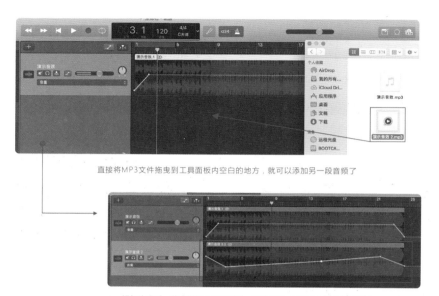

直接将MP3文件拖曳到工具面板内空白的地方，就可以添加另一段音频了

添加完成后，就会在界面中出现另一条波形图，可以在上面进行编辑了。

图8-13   多音效混合

5.音效的保存与压缩

在进行完这些操作后，我们需要点击顶部菜单的**"共享 – 将乐曲导出到磁盘"**命令来保存音效。在保存菜单中，你可以选择保存音效的格式和类型，可以修改音效的名称。

而在"质量"这个选项中，你可以对音效进行压缩。工具为我们提供了4个压缩类别，64kbit/s版本为最低压缩比，实际对于手机公放的背景音效来说，这样的质量是足够的了。音效的保存与压缩的演示如图8-14所示。

点击"共享-将乐曲导出到磁盘"命令，就可以调出存储界面了　　这里可调整音效的格式和名字，选择合适的质量，可对音效进行压缩　　工具提供了4个压缩模式，针对MP3文件，64 kbit/s 是最大程度压缩

图8-14   音效的保存与压缩

这就是利用GarageBand制作背景音效的整个过程。下面咱们再来演示利用Audition制作音效的方法。

8.3.2 用 Audition 制作音效

如果你是PC用户，推荐给大家的工具是Adobe Audition，如图8-15所示。你可以利用这款工具来制作音效。Audition是一款专业音效制作工具，虽是专业工具，但如果有针对性地学习，学习过程也不会太困难。这款工具在MAC和PC上都可以使用。

图8-15　Audition CC

利用Audition制作音效时，我们需要学会的制作方法同样要针对上一节提到那4个功能点，操作步骤也大同小异，整体来说比较类似。

1. 新建并编辑文件

打开Audition，点击主界面的左上角的"多轨"选项，然后会弹出一个新建文件的对话框，在对话框中给文件添加名字，而其他参数，我们可以直接采用默认设置，如图8-16所示，这样文件就建立好了。

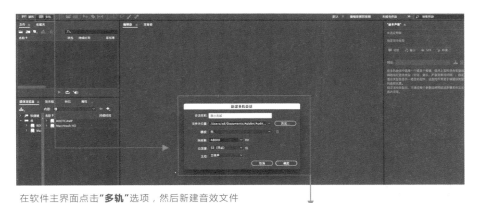

在软件主界面点击**"多轨"**选项，然后新建音效文件

文件建立好之后会在工作台显示为图上效果

图8-16　新建文件

然后，我们需要导入要编辑的音效文件。导入的方式有两种：第一种方式，可以点击"**多轨-插入文件**"命令，寻找到相关位置的MP3文件进行导入；第二种方式，我们可以采取直接拖曳的方式导入文件，直接将音效文件拖曳到工具面板，就可以完成导入。两种导入方式的演示如图8-17所示。

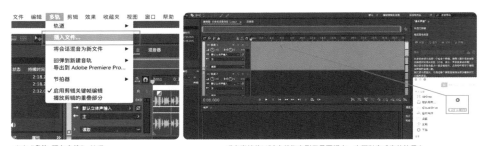

点击"**多轨-插入文件**"，然后
找到对应位置的MP3文件，音效就加载完了

或者直接将MP3文件拖曳到工具面板内，也可以完成音效的导入

图8-17　导入音效的两种方式

2.裁切音效

和GarageBand的操作非常类似，按空格键，音效就会播放，播放头光标会随音效播放而移动。播放头光标也可以用鼠标进行拖动。想要对导入的音效进行裁切的话，需要将播放头光标移动到想要裁切的位置，然后单击左上角的"切刀"工具，将变成切刀形状的鼠标指针移动到想要裁切的波形图的对应位置，然后单击，就可以完成裁切了。裁切音效的演示如图8-18所示。选中被裁切的音效部分，单击delete（删除）键，也可以删除要切掉的音效的部分。裁切音效的演示如图8-19所示。

把播放头光标移动到你想要裁切的位置，然后用鼠标选择"切刀"工具，
再将变成切刀形状的鼠标指针，移动到想要裁切的位置就可以完成裁切了。

图8-18　裁切音效

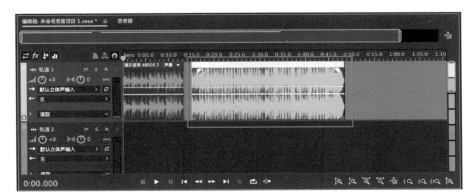

用鼠标选中被裁切的部分，然后再按键盘的delete（删除）键，就可以删除要切掉的
音效部分了。

图 8-19 删除要切掉的音效部分

3. "淡入"与"淡出"的添加

在 Audition 中，波形图是自带包络线的，你可以直接在波形图上为包络线添加控制点，方
法和 GarageBand 类似。

用鼠标在包络线上进行单击可添加控制点。控制点可通过鼠标进行操作，向上拉控制点，会
增大音效的音量；向下拉控制点，会降低音效的音量。利用这种方式，我们可以非常轻松地
制作出"淡入"与"淡出"的效果，具体操作步骤如图 8-20 所示。

工具栏中音频的声波图是自带包络线的，我们可以直接在上面操作

当你在包络线上用鼠标单击时，就会出现操控圆点，这些圆点是可以被鼠标操控的

利用鼠标拖动操控点，就会改变包络线，按照图上位置拖动，就会制作出"淡入"（逐渐升高）与
"淡出"（逐渐下降）的效果。

图 8-20 制作"淡入"与"淡出"的效果

4. 多音效混合

想同时编辑多个音效文件，方法非常简单，只要将新的音效文件拖曳到工具操作台的空白位置，拖曳成功后，就会出现一条新的波形图，如图8-21所示，这样就可以做音效的混合了。

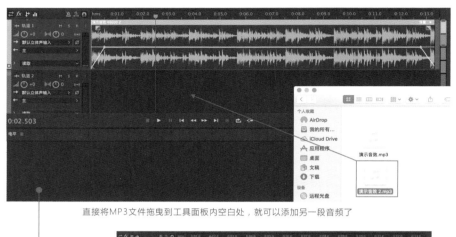

直接将MP3文件拖曳到工具面板内空白处，就可以添加另一段音频了

添加完成后，会在界面中出现另一条波形图，这样就可以做音效的混合了

图8-21　多音效混合

5. 音效的保存与压缩

在完成这些操作后，执行 **"文件－导出－多轨混音－整个会话"** 命令调出保存界面。在保存界面中，我们可以更改音效的名称，选择音效的格式，以及对音效进行压缩。通常来说，我们要将音效存储为 .mp3 文件。在"更改"的扩展选项中，我们可以对音效进行压缩，具体步骤如图8-22所示。

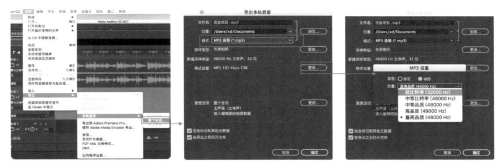

执行"**文件 - 导出 - 多轨混音 - 整个会话**"命令调出保存界面　　选择音乐格式为MP3文件，并打开修改界面　　对MP3文件进行压缩，这里有5个质量选项

图 8-22　保存与压缩音效

这样就完成整个音效的制作了。希望你能够通过本节的描述和讲解，学会音效的设计与制作。为了大家能更直观地学习音效的编辑制作，本书制作了教学视频，扫描二维码，就可以看到具体的视频操作讲解了。

延展内容：

教程视频（7）：音效制作教程

< 扫描右侧二维码，观看延展知识内容 >

[**章节总结**]

– 在面对音效设计时，我们重点讲解了"声画对位"的关系；

– 对于背景音乐，本节告诉你了5个注意点，它们分为是合适音效的获得、不要使用歌曲、音效要短小、"淡入""淡出"的使用和利用设备进行采样；

– 我们也在本节为你讲解了如何利用相关工具对音效进行有效的编辑和操作。

下一节：小呆会和你聊聊如何为你的H5做数据分析和测试。

第9章
H5数据分析与
测试

>

9.1　你要了解的数据常识

9.2　你也可以做的H5测试

9.1 | 你要了解的数据常识

对于初学者来说，一定的数据分析也是需要做的。一提到数据，相信很多人就会觉得很复杂。实际上，初级的数据分析并没有想象的那么复杂，你只要在总结时，稍微留意一下数据参数，从中发现一些特征，就能改善H5的效果了。我们先从基础概念讲起。

9.1.1　常规数据概念

图9-1所示的是来自服务器后台的数据展示图，图中有好多数据参数和标注。如果你没见过这类数据图，第一眼估计会完全不知道这张图描述的是什么，但只要你对一些基础概念稍有了解，就可以看懂这张看似复杂的数据图了。

图9-1　服务器后台数据图

1.PV（Page View）

通常指网站页面的浏览量／点击量。用户每一次对网站中的单个网页访问均被记录为1次。用户对同一页面的多次访问，访问量会被累计。我们通常所说的点击量就是PV量。

2.UV（Unique Visitor）

指网站独立访客。不同于PV量，UV会记录访问网站的不同IP数量，而不会累计访问次数。它的指数可以让你知道究竟有多少人访问了网站，而不是网站被打开的次数。你也可以把

UV数简单理解为有多少人看了你的网站，它可精确到个人。

3.IP（Internet Protocol）

中文意思为网络协议，而IP值指在1天内使用不同IP地址的用户访问网站的数量。同一个IP不管访问多少次，都会被记录为1次。这个量与UV不同，它基本上可以测出有多少设备访问了H5，而IP数往往和UV数非常接近。

4. 跳出率

只访问了入口页面（例如H5首页）就离开的访问量与所产生总访问量的百分比。对于跳出率，又有非常多的测算方式，计算首页跳出率只是其中一种。通过跳出率，你可以知道究竟在哪一级页面，用户流失得最多，基本上就能确定那一屏页面是问题页面了。

5. 留存时间

指用户在H5内停留的时间，通常会分为总留存时间和单个页面停留时间。通过留存时间，你可以直观看到用户在页面里逗留的时间，以及用户在哪一级页面逗留的时间最长。

6. 用户转化率

通常指的是通过H5内置链接跳转到目标网站、APP页面的数值。对于有外部链接按钮的H5来说，用户的转化率是非常重要的数据，用总PV值除以转化数，就能得到一个大致的用户转化率的百分比了。

了解了这几个概念，你是不是会发现现在完全可以看懂刚才的那张数据分析图了？图上的彩色趋势就是这几个数据随着时间变化的情况，通过数据图，你可以清晰地了解到当下H5的访问情况究竟是什么样子，图9-2中标注出了几个关键数据的情况。那么，了解这些数据有什么用处？

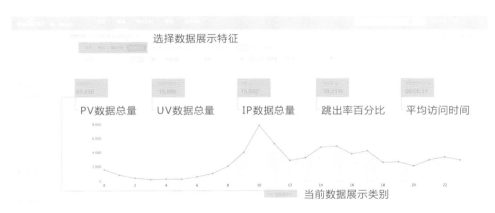

图9-2　服务器后台数据图

9.1.2 数据的作用

关于数据的作用，我们可以来看一支数据H5。通过扫描二维码直接观看，这是一套来自腾讯官方的H5数据调查报告，自2015年至2017年，目前已上线3期，在这份报告中你可以比较直观地看到一些H5的内容特征。

以2015年的一期数据报告为例，图9-3中描述的高峰期、页面热度、流失率和分享率，这些数据都是可以直接帮助我们改善页面设计和设计思路的。

我们可以选择在访问高峰期将H5上线，这样就可以确保有更大的观看率。而通过对PV和UV的观察，可以得知什么时段是访问高峰期。同样是H5页面，有些页面的点击高，有些却很低，我们可以研究和对比这些页面的内容和设计，对页面进行优化，看看是否能够改善浏览量。

H5在哪个页面的跳出率最高，转化率最低，或者点击率最低，这些数据都能反映出该页面是否存在问题，是不是需要对H5进行优化和修改。

最好能形成观看数据的习惯，它可以让你看到一些平时无法发现的问题。

通过常规数据特征，你可以分析H5。H5的好处就在于，它是随时可以进行修改的，修改后只要对页面进行刷新，就可看到修改过的内容。目前来说，所有的H5工具都开放了数据展示功能，不管使用什么工具制作H5，你都可以直接看到后台数据。但有些数据是需要付费才能获得的，大家可以尽量选择一些数据展示"解锁"比较多的工具，这样利于后期的修改和优化。

对于不同领域来说，每个行业的用户特征都会有一定差别，在数据的反馈上也会不太一样。虽然我们已经通过案例讲解了一些常规的数据特征，但你还是需要做相关行业的数据分析和沉淀，需要去了解目标行业的用户特征。数据是大多数设计H5的朋友可能会忽略的事情，它需要引起你的重视。

Loading加载不超5秒

页面平均流失率

建议使用简单的交互方式　滑动切换为主流操作

图9-3　H5项目案例页面

9.2 | 你也可以做的 H5 测试

H5 做完了，通常情况下，我们会把 H5 直接分享出去。至于 H5 的反馈和效果，我们完全不知道会是什么样子，甚至毫不关心，就好像只要做完了，一切就与自己无关了，这样的想法是错误的。实际上，H5 需要进行上线前的一些测试工作，这个意识是很多人不具备的。

还有一种情况，就是有些追求作品质量的朋友，确实想到了要对 H5 进行相应测试，但又不知道如何去进行，身边也没有专业领域的从业者来帮助测试，完全不知道如何下手。那么我们究竟要如何对 H5 进行测试？

9.2.1 好友、朋友圈和社群测试

上一节所讲的数据测试是针对你无法直接交流的用户进行的。在H5上线之前，你可以做一些小范围的测试，而对象就是你可以直接接触到的人。主要的测试途径有3个，如图9-4所示。

微信好友　　　　　　　　微信朋友圈　　　　　　　　微信群

图9-4　H5的3个测试途径

好友测试

你可以将做好的H5直接发送给你的好友，让好友观看H5，然后给你反馈。在这个过程中，你最好能找到这两类人群进行测试：一类是专业背景较好的好友，最好是从事互联网工作的，如图9-5左图所示；另一类是目标用户群，也就是你的H5想要推送的人群，听听他们的反馈，如图9-5中图所示。

朋友圈测试

还可以把做好的H5直接分享到微信朋友圈。这里要记住配上文案，告诉大家这是你最近新做的一支H5，刚刚完成，希望能够得到大家的意见和建议，如图9-5右图所示。这样，你的朋友看到描述后，会给你相关意见，帮你优化H5。

专业好友　　　　　　　　目标用户好友　　　　　　　　微信朋友圈

图9-5　好友测试和朋友圈测试

微信群测试

微信群测试要远远好于上两种测试方式，因为微信群的互动性更好，人数也更多，大家相互之间还能产生意见交流。将做好的H5发送到自己的微信群当中，利用引导文案和小额红包激励大家帮你测试H5，然后给予你反馈，如图9-6所示。

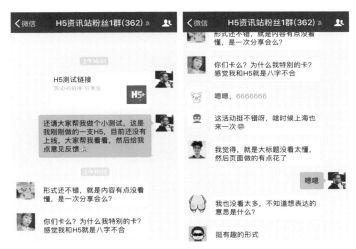

图9-6 微信群测试

如果想获得更好的H5测试效果，你需要有一个专项微信群，微信群中最好都是一些活跃好友，这样大家的回复积极性会非常高。这也就意味着，想要真正做好一支H5，你需要建立自己的社群，并且通过观察社群用户的反馈来获得更好的修改意见。刚开始，你可能很难建立起这样的社群，你可以先加入一些相关社群，在相关社群进行测试也是可以的。小呆的"H5广告资讯站"就有很多相关社群，在这些社群中，你同样可以进行H5测试，想加入我们社群的话，只要关注本书提供的公众号，然后在公众号内找到添加社群的选项就可以了。

延展内容：

文章：加入作者的H5粉丝群

< 扫描右侧二维码，观看延展知识内容 >

在测试过程中，要如何去问问题？大部分用户都只能描述自己的感受，他们会说"我觉得太乱了""我觉得有点花""我觉得怪怪的"……这些反馈都太模糊，帮助也并不大。下面我会列举一些比较关键的问题，你在进行测试时可以进行参考，如图9-7所示。

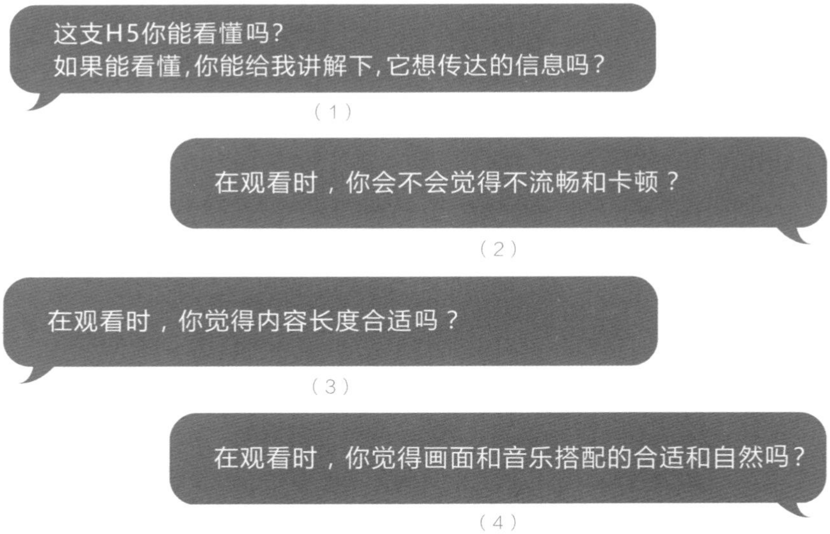

这支H5你能看懂吗？
如果能看懂，你能给我讲解下，它想传达的信息吗？
（1）

在观看时，你会不会觉得不流畅和卡顿？
（2）

在观看时，你觉得内容长度合适吗？
（3）

在观看时，你觉得画面和音乐搭配的合适和自然吗？
（4）

图9-7　关键的测试问题

（1）这是最重要的问题，不管什么样的内容，首先要能够让用户看得懂，明白页面要传达的意思和目的。

（2）如果很多人都反馈会卡顿，那就证明H5的元素过于庞大了，你要做相应的"瘦身"和压缩。

（3）这个问题是可以对跳出率做出一些预判的，如果多数人觉得内容太长，就可以考虑进行删减。

（4）这个问题是可以了解到使用的音效和设计是否合适。如果用户说音乐太吵了，就应该考虑对背景音效做些调整了。

如果用户反馈诸如字太小了、这个图形或者字没看懂等信息时，你就要考虑是不是设计的页面在表述信息时不够清晰。

相关测试问题有很多，以上这些只是给大家一个参考。在设计H5时，因为是一个人面对所有环节，所以在设计过程中很难听到更多意见，而H5又是要给大众观看的内容，特别需要不同反馈，这时候就非常需要进行测试，哪怕是很简单的测试，都会对你改进H5非常有帮助。

9.2.2　公众号测试

我们还可以进行媒体端测试，主要可通过公众号进行H5测试，如图9-8所示。如果你有公众号，那么完全可以利用它进行测试，方法很简单，但前提是公众号要有一定的粉丝量，没有人关注的公众号是没有测试效果的。

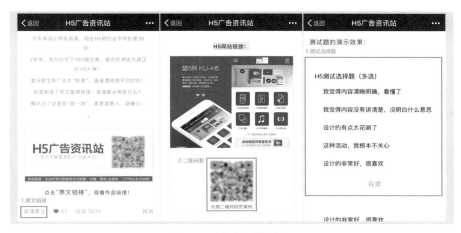

图9-8　利用公众号测试H5

在这里，你可以将已经做好的H5以原文链接或者内置二维码的形式编辑到微信图文当中，然后推送出去。在发出时，可以在文章中用撰文的方式告诉粉丝们，这是一次H5测试，希望大家能够给予一些反馈。

最好在图文中设置好选择题，而不是让用户留言做反馈，因为选择题的参与度要更高一些，比留言要好得多。用图文测试H5，在撰文编写时，要以测试内容为主。内容主要还是我们在上一节聊到的那几个问题，试着用更为轻松的方式把内容编辑进你的测试文章。尽量让测试文章显得短小、精炼，测试的时间范围通常会以你发出文章的1 ～ 2天为宜。同时，你也可以查阅H5的后台数据，对比用户反馈来得到一些结果，帮助优化H5。

H5不是闭门造车，它需要不断吸取用户和大众的意见，这一点在设计H5时要谨记于心。通过测试，你很可能会发现，原来你认为已经讲得不能再明白的重点，大家实际上根本就没看懂，你操作时不能再流畅的页面体验，原来大家看的时候有严重的卡顿现象，这些反馈都是非常关键的。

「 章节总结 」

- 判断H5的好坏，你需要了解一些数据常识，数据可以帮助你理解和优化H5；
- 在H5上线之前需要做一定的内部测试，而简单的测试分为好友、朋友圈、社群和公众
  号测试。

下一章：小呆会和你聊聊当面对具体的项目需求时，我们要如何制作出一支H5。

10

第 10 章
H5 设计案例全流程实战

>

10.1 | 翻页类H5-线下门店案例

经常会有一些线下店铺需要用H5来推广形象。面对这样的需求，我们应该如何制作？这一节，我们将会以一个线下文创店铺为例，为大家讲解H5的制作过程。先来看看最后的项目案例。

10.1.1　项目素材（模拟案例）

"一拙"是一家坐落于北京胡同的文创茶社。小店自从开业以来，就在当地获得了非常好的口碑和影响力。但一直以来，门店在线上的曝光都不足，小店想借助H5更多地在网络上展现自己的品牌。关于门店的资料有很多，我拿到的内容就多达十几页，如图10-1所示，对于一支H5来说，不可能展现这么多内容。所以，在前期策划阶段要做的主要是"减法"，将门店的主要品牌优势和特色进行归纳和精简，把大段的描述概括成用简单的图文就能讲清楚的内容。

10.1.2　项目主题与内容框架

在梳理内容时，我们发现了3个要重点展示的信息，它们分别是品牌、功能和区位。

图 10-1 门店的部分文件与图片素材

在品牌方面，要对店铺有具体介绍，让用户知道你是谁；在功能方面，要对店铺服务做说明，让用户知道你能干什么；在区位方面，要对店铺的位置和经营做一定说明，让用户知道你在哪里，什么时间可以找到你。

"你是谁""你能干吗""你在那里"，可以说是普通消费者要关注的 3 个信息点，如图 10-2 所示，用这个思路对 H5 进行设计，方向就比较清晰了。

图 10-2 3 个重点信息

在品牌方面，"一拙"的品牌文化主要围绕茶展开，品牌的座右铭是"用好物，喝好茶，现代品质生活"，这给人的理念感比较像是"现代城市中，一个带有文化情怀的独立休闲空间"，是一个可以让人放松、静心、会友的地方。而功能方面，围绕品牌特征，我们发现小店有以下 3 个主要经营特色：

（1）提供茶相关的饮品和食品；

（2）提供设计师原创设计器物（以茶类产品为主）；

（3）提供主题创意活动和沙龙的场地。

通过对品牌与功能的分析，这支H5的内容原型基本被梳理出来了。

（品牌）品牌展示：第1屏：封面图−主副标题、第2屏：品牌门店介绍

（功能）产品展示：第3屏：品茶（茶饮产品）、第4屏：好物（器物产品）

第5屏：展览（活动产品）、第6屏：媒体（活动产品）

（区位）门店区位：第7屏：地址（门店位置展览）、第8屏：邀请（邀请大家来门店体验）

8屏这个数量，不会显得内容过多，不会让用户看得太疲惫，也正好交待了品牌、功能和区位这3个信息点。

而从主题来说，我们可以发散出很多方向。比如，喝茶可以让人静心和放松；比如，来这里喝茶可以会友和聊天；再比如，在这里你可以看到很多创意展览。经过发散后，我们得到了如下主题：

①**不要错过一个能让你放松身心的空间；**

②**"一拙"是一个会友的好去处；**

③**这是一个在城市中能让你放松下来的空间。**

对比下来，项目选择了（3）作为主题，因为独立空间不仅可以隐含喝茶、静心和会友这些特征，还有"放松"的含义，这与品牌调性是比较一致的。为了让文案更加生动和有吸引力，最后使用的标题是**"请问你来"一拙"做过客吗？"**

用疑问句会有着更加轻松的感觉，也容易让人愿意继续看下面的内容，避免了说教和太过于直白。确定了主题和内容后，下一步就可以出草图了。

10.1.3　H5原型和设计构思

有文化气息的文创品牌比较适合清雅、简约的风格，色彩不需要太多，对比也不应太强。H5的色调以Logo的金色作为主色调，整支H5的页面风格应追求简洁、大气的感觉，就像是中国画，会注意留白和视觉氛围。此次项目的原型图采用Illustrator（AI）绘制，具体样式如图10-3所示。

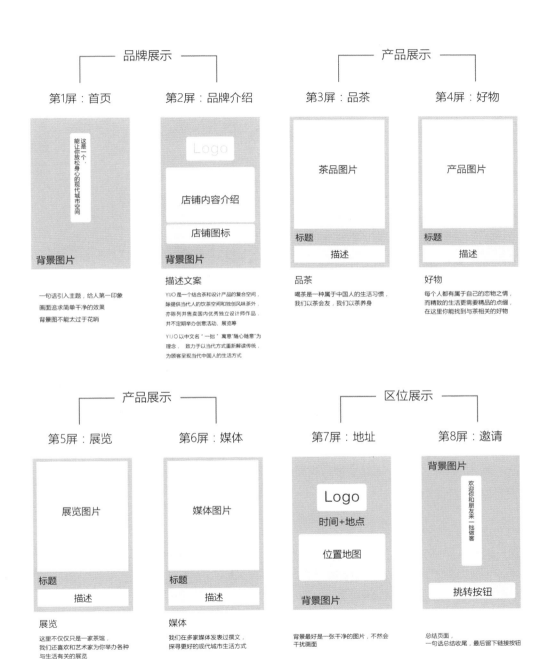

图 10-3　H5 的原型图

10.1.4 H5 制作过程

在制作方面，采用了 Photoshop 和 MAKA（如图 10-4 所示）。Photoshop 主要用来进行内容布局设计，动态效果则是在 H5 工具 MAKA 中完成的。其实项目完全可以在 MAKA 中完成，但为能演示更多的工具操作，这里选用了两个工具配合进行制作。

操作简单

一分钟上手，五分钟创作H5，超越PPT的极简操作方式！

图 10-4 MAKA 的网站主页

制作前要建立 Photoshop 尺寸文件，画布设置宽为 640px、高为 1008px，如图 10-5 所示，这是为了后期方便将设计文件导入到 H5 工具，这是目前 H5 工具普遍采用的页面尺寸。下面开始详细讲解。

设计的细则讲解

（1）图片设计

图片是此次设计的关键，因文字内容整体较简单，所以文字只起点缀作用，这就凸显出图的重要性。从品牌提供的图片中选择合适的图片分别安插在了 8 个页面当中，但很快就出现了一个难题。

因为在页面中整版图最为美观，所以计划用 8 张整图配 8 段文字来设计画面。但在产品展示部分，品牌方并没有可以包含所有产品的整图，只有单个产品的展示图片。

如果直接将不同产品图拼凑在一个页面，就会很不美观，但如果将产品图分散到其他页面，又会使得 H5 的页数太多。

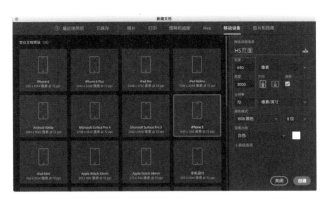

图 10-5　Photoshop尺寸建立页面

为解决问题，我们使用了一个**轮播图的互动插件**，通过该插件可以做到在一个页面展示多张图，还能保证图版的整屏效果，而这个互动插件就是H5工具的一个功能组件。为了使页面更为美观，我们还找到了一张宣纸的背景作为背景图，这样会比白底要有更多的细节展现。设计过程如图10-6所示。

多图页面版式　　　　　　单图页面版式　　　　　更换成宣纸的页面版式

图 10-6　一个页面展示多张产品图的设计过程

（2）文字与标题设计

H5大标题采用**方正大标宋体**，页面正文主要采用**方正仿宋简体**，如图10-7所示。

■ **方正大标宋体**　　　■ 方正仿宋简体

图 10-7　H5设计选用的字体

在前面，我们已明确告诉大家尽量不要使用识别性较差的宋体字，但此项目例外，因为H5正文文字量少，文字排版可以非常稀松。在这种情况下，宋体字的使用不会影响阅读时的识别。为了更好凸显文化气息，文字排版方式是以竖版为主的，这样更像是古体字的书写方式，能够凸显文化气息，所以用宋体字就更合适了。标题与正文的字体的排版对比效果如图10-8所示。

黑体字效果　　　　　　　　　　宋体字横版效果　　　　　　　　宋体字竖版效果（最佳）

图10-8　标题与正文的字体

大家也应该注意，H5的第2页正文描述部分还是采用了黑体字，这是因为文字量太大了，所以在具体设计时做了取舍。不管你用什么字体，设计目的都是一致的，就是让H5清晰地呈现内容。正文字体采用黑体和宋体的效果分别如图10-9和图10-10所示。

图10-9　黑字体正文（识别度更好）　　　　图10-10　宋体字正文（识别度不如黑体字）

（3）地图设计

在设计地图时，项目采用了手绘地图的形式，但实际大可不必这样，因为现在的 H5 生成器
内置了定位地图，在点击这样的地图后可以直接调取手机中安装的地图 APP，呈现位置信
息。但因为书中的 H5 模拟案例是要长期使用的案例，所以还是选用了手绘地图来表现。地
图在配色上沿用金色作为主色，与画面风格保持一致，如图 10-11 所示。

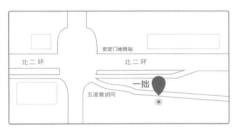

图 10-11　从卫星地图转化为更加直观的手绘地图

（4）页面版式

为了让页面有更好的视觉效果，版式设计中运用了 3 阶排版法，尤其是产品部分的页面，在
画面中，图片、文字描述和脚标构成 3 层关系，这样页面的视觉效果就比较美观了，如图
10-12 所示。

图 10-12　3 阶排版法，加上第三级脚标后，视觉效果更丰富

在第2屏的品牌介绍部分，为了让文字更清晰，弱化了背景图，为文字专门添加了金色底图来强化文字的识别性，如图10-13所示。这样的做法和第8屏形成了反差，在第8屏是弱化文字，凸显图片，如图10-14所示。

不管是文字，还是图片，一定要有一个为主、一个为辅，这是做页面设计时的一个重要意识，时刻以主要内容为导向。

图10-13　第2屏-文字为主，图片为辅　　　　　图10-14　第8屏-文字为辅，图片为主

（5）页面的节奏感

在设计第1屏时，起初设计了好几个样式，如图10-15所示，最后选择了最简单、最不起眼的一组（第3组），原因就是考虑到整支H5的节奏。

图10-15　第1屏的3个备选方案

这样，让第 1 屏内容简单到只有一个问句，能够让观看节奏有一个从低到高的过渡，让内容的呈现有一个从简单到复杂的趋势。关于节奏的概念，在之前的章节已有具体介绍了，读者可查看之前内容。

（6）H5 工具制作

打开 MAKA，在界面中单击"Ps"按钮，会提示上传 PSD 文件，如图 10-16 所示，需要观看和了解这里的上传说明。

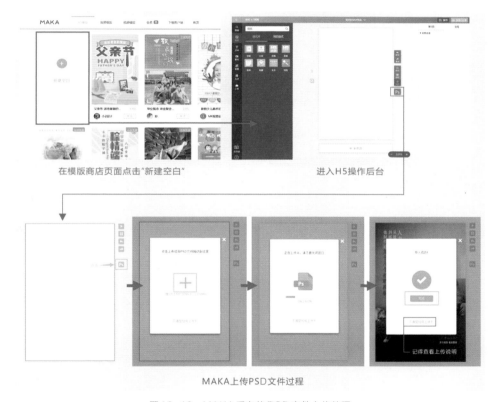

图 10-16　MAKA 后台的 PSD 文件上传教程

上传后，需要为 H5 各屏元素添加动效。清雅风格的 H5 同样不适合添加太过炫酷的动效，所以这里主要添加的动态就是"淡入"和"向上飞入"。

因为图片多为场景，所以图片不适合添加动效。动效的应用主要放在了文字上，每一屏的文字都可以添加动态效果。具体的操作如下：

①首屏文字动效使用了左右翻转（2秒）；

②第2屏文字使用了"向上飞入"，为了让3组元素运动时有差异，所以设置了不同的延迟时间，分别是Logo延迟1.2秒、正文延迟1.4秒、图标延迟1.8秒；

③第3到第6屏采用了相同的动效，即"向上飞入"，思路与第2屏类似，让3组元素的运动有差异。设置分别是：标题的速度1秒，延迟0.5秒；正文的速度1秒，延迟0.6秒；图标的速度1秒，延迟2秒。

在这里，图片的运动是最大亮点，这个轮播图运动在H5内是可以轻松实现的，步骤如图10-17所示。

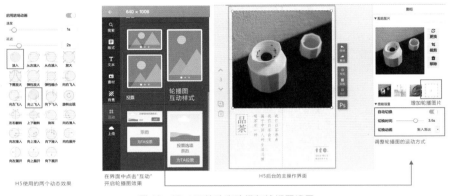

图10-17　H5的动态选择与轮播图设置

④第7屏的动效设计思路也与第2屏类似，元素同样采用了动效"向上飞入"，让元素有差异地以先后顺序逐渐运动出现在画面中。

⑤第8屏的文字动效和按钮动效同样是"向上飞入"。

大致步骤如同文字描述那样，但文字很难描述清楚动效。如果想真正学会这套动效制作方法，还请观看本节配套的教学视频，里面有清晰的操作步骤。

（7）添加音效

最后一步就是为H5寻找背景音效了。虽然这支H5的整体氛围是偏古朴的，但内容又非常具有现代感。所以纯古典的音效和纯现代的音效都不适合这支H5，这些音乐搭配画面的话都会非常奇怪。

结合古朴和现代这两个特征，经过一番思考，我们锁定的热搜关键词是"现代古筝"和"流行民乐"，这样找音效的范围就小多了。通过音乐素材网站的歌单搜索，项目选用了音乐－常静－《空》的前奏部分作为背景音效，音效整体氛围清雅、现代，并且具备古典特征。

因为是非商业的模拟案例，所以直接使用了作者的音乐，如果是大型的商业项目，就需要一定的版权支持。

在制作过程中，我们可以通过预览功能在手机上观看页面效果。这时不要忘记采用不同的手机进行测试，同时不要忘记上传封面图和添加H5的正副标题。到这一步H5就算是制作完成了。图10-18所示为H5的8屏平面效果，整体风格基本上保持了一致。通过扫描本节案例的二维码，你可以看到H5的最终效果。

图10-18　H5全图平面效果，最终效果以二维码扫描后观看的线上案例为主

为了让读者更深入理解H5的制作过程，本书把案例的具体制作步骤编辑成了视频，通过扫描下方二维码，你可以看到详细的制作过程。

延展内容：

教程视频（8）：H5制作教程MAKA篇

<扫描右侧二维码，观看延展知识内容>

10.2 | 长图类 H5-线下活动案例

在H5的制作上，经常会遇到线下邀请函的需求，当遇到类似项目时，应该怎么去完成？本节我们会利用目前学习到的知识来教你制作H5这个主题，先来看下最后完成的项目案例。

10.2.1 项目素材

2018年9月2日（星期日）在南京新街口地区，我们准备做一期以H5为主题的线下分享沙龙活动。活动时间为当天14:00到当天17:00，分享时间一共3个小时，此次活动邀请到了《H5+移动营销设计宝典》的作者小呆为我们分享，活动主要讲解的议题将会围绕H5创意方法、H5创意工具分析、2018年优秀案例点评这3点。

活动的报名人数被限定在了80人（报完为止）。活动组织者希望学员可以直接在线完成报名和登记。为了让活动更具吸引力，此次活动将会为参加者提供免费茶歇食物，活动也不收取任何费用。

10.2.2 项目主题与内容框架

通常来说，我们完全可通过微信图文做活动通知。但微信图文的内容不够丰富，在展现上比较受限制，而且微信图文很难满足在线报名的功能，所以在形式上，H5 更加合适。拿到项目需求后，要做的第一件事就是确定内容主题和梳理内容展示框架。

从主题来说，这是一次有关 H5 制作和学习的知识性分享活动，活动主要分享的议题是 **H5创意方法、H5 创意工具分析和 2018 年优秀案例这 3 点**。从内容本身来分析，学习这 3 个内容的目的只有一个，就是让我们制作的 H5 变得更好。评价一支 H5 是不是足够好，我们通常会用 **刷屏、爆款、吸引力和传播量** 这样的词汇来形容。在这样的推理下，我们得到了以下主题方向（部分发散主题）。

①**告诉你如何让 H5 刷爆朋友圈。**
②**让你的 H5 更有吸引力！**
③**教你制作一支能够引爆朋友圈的 H5。**

大体一看，这些方向都不错，但因为分享活动比较侧重于初级学员学习，而且内容也多为方法和行业案例解析，所以在内容特征上，"吸引力"这个词显得更加稳妥。这个形容词不会夸大沙龙的分享内容，也能更直接地体现沙龙主题，所以最后使用了 **让你的 H5 更有吸引力！**

确定内容后，就要把此次活动的关键信息做梳理了。此次项目我们选用的是 **兔展（一页）** 这款 H5 制作工具，该工具主要的功能是制作长图文 H5，如图 10-19 所示。

图 10-19　H5 制作工具 - 兔展（一页）

因此，这支 H5 的内容框架也要根据长图文的特征进行布局。经过一定的整理和归纳，我们
得到了如下内容框架。

（内容展示由上至下）

①主标题＋副标题（让你的 H5 更有吸引力！ ）
②分享议题介绍（活动内容介绍）
③主讲人介绍（主讲人信息介绍）
④分享议程介绍（活动的具体流程）
⑤分享场地与位置介绍（地址＋地址图片）
⑥活动细则（注意事项）
⑦报名信息获取（报名统计页面）
⑧活动鸣谢（合作单位 Logo）

10.2.3 H5 原型与设计思路

根据这 8 个主要内容点，我们首先要构思画面，用什么样的画面会比较合适？

H5 属于移动互联网内容。对于移动互联网，大家自然会想到与科技紧密相关的东西，如数
字、像素、代码和几何图形这样的元素，而在设计过程中，这支 H5 选择了以像素作为主要
画面风格。这样进行设计会比较贴合互联网主题，而且在执行上也不会太过于困难。

在颜色选择上，原则上蓝色更适合互联网的调性，但因为小呆老师的书和他的内容平台都以
红色为主，所以本次 H5 选择用红色作为主色，这完全是根据内容特征做出的选择，正常来
说，蓝色更为合适。构思 H5 的画面设计元素如图 10-20 所示。

画面风格为像素化　　　　　主色调定为红色　　　　正文字体选择为粗体字

图 10-20　构思 H5 的画面设计元素

在原型图绘制阶段，你可以直接用纸张绘制，也可以在电脑上进行绘制。本次案例采用了在
AI 中直接绘制的方式，具体的原型图样式如图 10-21 所示。

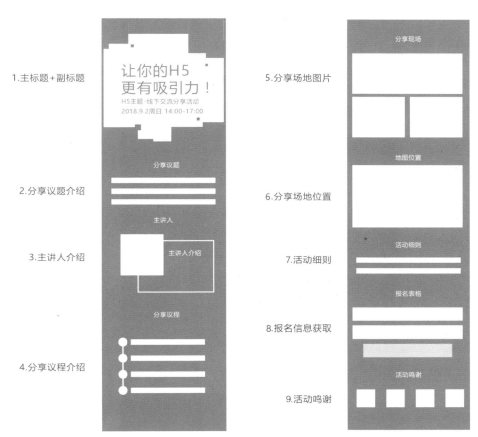

图 10-21　H5的原型图

10.2.4 H5制作过程

此项目采用的是先用Illustrator和Photoshop进行制作，然后再导入到"兔展"页中进行合成，如图10-22所示。

可以说，H5设计的主要精力都花费在了用Illustrator和Photoshop的制作上。制作前要先

图 10-22　H5制作要使用的所有工具

建立一个相关尺寸的文件，与先前的案例一致，把画布宽度设置为640px，因为是长图文，不知道会做多长，所以可以先把高度定为3000px，如图10-23所示。如果空间不够，可以再进行修改。

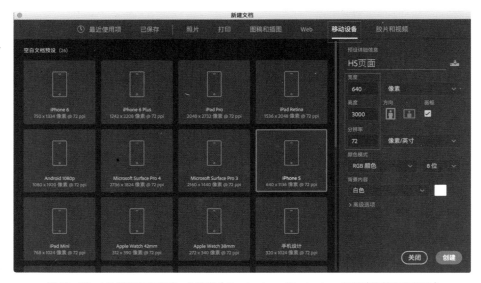

图10-23   H5制作页面尺寸＋分辨率（Illustrator、Photoshop的新建文档页面相同）

设计的过程是自上而下的，我们来重点展示几个细节的过程。你可通过本节的配套视频观看学习具体制作步骤。

设计的细则讲解

（1）标题设计

标题采用了**造字工房版黑**作为主字体，该字体比较方正，容易与像素风格相呼应。而正副标题的布局是根据之前字体章节的内容进行思考的，主标题粗、副标题细，在整个标题周围还搭配了一些像素点作为点缀。这样调整后，标题看上去就比较丰满了，效果如图10-24所示。

（2）正文设计

正文标题同样采用**造字工房版黑**。为了让正文标题显得更生动，我们还为标题配上了相关主题图标。图标是另行绘制的，你也可以直接通过素材库获得图标，但要注意图标的统一。

在正文设计上，H5没有太过花哨，只是对与主题相关的内容增加了修饰。例如，主题部分加上了方块图形来强调重要性，在分享议程环节加入时间线来强调顺序。这些小点缀虽然不多，但能起强调作用，能够让观者更直接地理解内容。

在字体的选择上，H5 全部正文都使用了同套字体**思源黑体**，重点信息采用**粗体**，非重点信息采用**细体**，这样整体会比较统一，具体效果如图 10-24 所示。

图 10-24　标题设计教程与页面元素展示图

（3）地图设计

设计地图时我们可直接通过百度地图攫取截图进行使用，但那样会非常不直观。所以我们采用了手绘地图来进行位置展示，如图 10-25 所示。这样会让地点更清晰。

当然，与上一节案例讲解情况类似，H5 工具都具备地图定位功能，你完全可直接用工具自带的定位功能来设计地图，而不用进行手绘表现。

图 10-25   简化的手绘地图设计

要注意的设计细节

（1）边距的调整

在设计页面的过程中，切莫让内容顶得太满，要预留一定的空间。这支 H5 在设计时也是这样，要注意左右边距和上下边距的调整，如图 10-26 所示。

标题也要预留边距

边距一定要预留

图 10-26   注意预留页面的元素与文字的边距（左图预留了边缘，右图没有预留边缘）

（2）剪切蒙版的运用

这是制作过程中比较重要的操作，如图片裁剪、内容位置调整等，都需要利用剪切蒙版。这支 H5 就在 Logo 和图片环节应用了剪切蒙版，如图 10-27 所示。

图 10-27　通过剪切蒙版来调整图片和 Logo

（3）H5 生成制作

当我们在 Illustrator 和 Photoshop 中制作完成所有的 H5 素材后，需要将这些素材上传到 H5 编辑器"兔展"中。打开"兔展"页面，点击界面处的 PS 按钮，工具会提示你上传 PSD 文件。此时，你会进入上传页面，如图 10-28 所示，这里需要了解上传细则，记得点击观看。

图 10-28　在"兔展"上传 PSD 的教程说明图

上传后，我们需要在H5中为元素添加动效。因为是长图文，所以不太适合添加太多动效。只要添加一些属性动效，对重点信息进行强调就可以了。这支H5添加的动效就是下面列举的这几个。

①主副标题处添加动效"左右旋转"，建议动效的速度不要太快，该项目采用的是1秒的速度。

②为地图坐标添加"从小到大"动效，建议进行慢速循环播放，这样能够一直起到提示作用。

③报名表格采用了工具的**报名功能模块，**可以将模块直接应用到H5中。记得修改按钮，让按钮和H5颜色风格保持一致就可以了。

3个步骤的操作如图10-29所示。

添加1秒"左右翻转"动效   添加4秒"从小到大"动效，无限次循环   添加快捷表单用于报名统计

图10-29 为H5添加动效

（4）加入音效

在寻找音效之前，我们要找到一些关键的信息点。就这支H5来说，"互联网""聚会"和"红色"是比较关键的情绪点。互联网体现科技感，聚会往往有热闹的感受，而红色又是比较活泼的颜色。结合这3个信息点，最适合的音效类型就是科技感浓厚的电子乐了，而搜索热词就是"电子音乐类舞曲"。

从这个类型中去找音效，你会更容易找到合适的风格。这支H5最后采用的音效就是徐梦圆的《PDD》中的前奏部分，音效的整体氛围年轻、活泼，并且带有科技感。想找到合适的音效，最关键的是要先有一个寻找音效的思路。这与画面创作非常类似，先找到 H5 内容的关键词，然后通过关键词去寻找对应的音效。

调整完成后，我们可以通过预览在手机上观看页面效果。与之前的章节案例类似，这时不要忘记采用不同的手机进行测试，同时不要忘记上传封面图和添加正副标题，如图 10-30 所示。

图 10-30　为 H5 添加标题和封面图

在预览时，"兔展"可以生成 H5 和小程序这两种页面进行预览，如图 10-31 所示。预览无误后，直接点击发布就可以完成制作了。这时你同时获得了 H5 的二维码和链接，就可以进行转发和分享了。

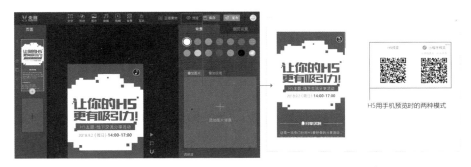

图 10-31　手机预览 H5 时的两种方式（常规 H5 页面、小程序）

为了让你更好地理解 H5 的制作过程，本书把案例的具体制作步骤编辑成了教学视频。通过扫描下方二维码，你就可以看到详细的步骤了，千万别错过更详细的视频讲解。

延展内容：
教程视频（9）：H5制作教程　兔展篇

＜扫描右侧二维码，观看延展知识内容＞

10.3 | 数据类 H5 - 模拟案例

H5 也经常需要承担一些数据展示的功能，将生硬的数据利用 H5 的动画和图形展示出来，可以让数据更加生动，并且更容易在手机上观看和传播。本节我们来模拟制作一支数据类的 H5。先来看最后的完成效果。

10.3.1 项目素材（模拟案例）

为了让大家更熟悉展示的数据内容，我们决定模拟一个书中已经出现过的 H5 数据案例，它就是《北上广深生存报告指南》，咱们来利用 H5 工具重新设计这支 H5。原版数据内容主要由 15 个大项数据构成，数据内容截图请观看演示图。

10.3.2 项目主题与内容框架

梳理内容时，我们发现如果将 15 个大项全部进行展示的话，H5 的页数就会非常多，如图 10-32 所示，这会造成体验上的观看疲惫，而且在 H5 的单个页面中很难把这么多描述文字都展示出来。

所以，我们得出了一个设计思路，就是在 H5 内重点展示 7 ～ 8 个关键数据，而在 H5 最终

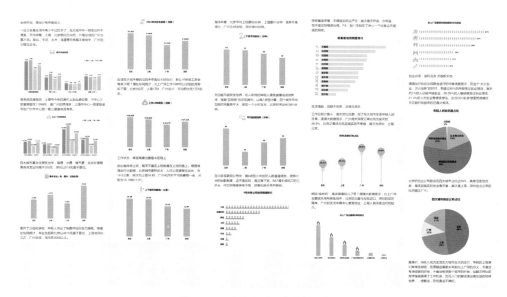

图10-32 数据报告原版数据表格

页面预留了完整数据报告的链接按钮,方便大家点击观看原版完整数据,这样不仅能让大多数人比较轻松地看到主要内容,还为想深入了解数据报告的人提供了必要的窗口。所以,项目要做的第一步就是优化和删减数据内容。经过一番提炼,我们得到了下面这组关键数据。

1.生存环境

一碗普通的饭:北京29RMB、上海30RMB、广州21RMB、深圳29RMB

一个普通的住处:

(一居)上海4609RMB、北京4127RMB、深圳3624RMB、广州2434RMB

(三居)上海8748RMB、北京7574RMB、深圳6514RMB、广州3961RMB

毕业生薪资:北京4915RMB、上海4629RMB、广州3326RMB、深圳3882RMB

工作10年月薪:北京20000RMB、上海18000RMB、广州15000RMB、深圳17000RMB

2.工作环境

上班距离:北京19.20公里、上海18.82公里、广州15.16公里、深圳13.97公里

上班时间:北京52分钟、上海51分钟、广州42分钟、深圳40分钟

加班公司排名:1.小米、2.阿里巴巴、3.腾讯、4.360、5.网易、6.百度、7.乐视、8.携程

3.消遣环境

主要娱乐场所排行:(北京)1.三里屯、2.五道口、(深圳)3.欢乐海岸、(广州)4.天河体育中心、(上

海）5. 新天地、6. 古北

最受欢迎的娱乐方式：电影 24%、旅游 21%、逛街 19%、电玩 13%、聚会 12%、唱歌 11%

4. 创业环境

年轻人创业态度：已经创业 1%、没想过 19%、有想法 21%、曾经想过 50%

创业公司比例：北京 48%、上海 24%、深圳 17%、广州 11%

因为这支 H5 的内容是数据报告，所以主题可以直白一些，该项目的主题最后被定为了**北上广深生活报告指南**。下面就要开始出草图了。

10.3.3　H5 原型和设计构思

根据 4 大主要数据类型和前期的创作思路，我们得到项目原型图（图中包括内页文案）。

H5 的色调选用了比较理性的蓝色作为主色调，这也是内容特征决定的，当然原版的绿色也是非常合适的颜色。

为了整个表格能够有比较好的识别性，我们为 4 个城市选择了 4 个相对应的颜色，如图10-33 所示，这样在看完所有图表后，大家就会有一个比较完整而连贯的记忆，图表的风

图 10-33　页面的色彩风格定位

格也偏重于以清晰、醒目的方式展示信息，以数字作为主要展示内容，而不是用装饰性的表格来展示内容，如图 10-34 所示。H5 的项目原型图如图 10-35 所示。

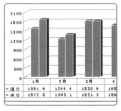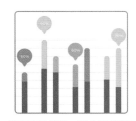

图表风格太过于陈旧　　　　图表太过复杂，数据不清晰　　　图表简洁明了，适合项目采用

图 10-34　图表的风格清晰、醒目

图 10-35　H5 的原型图

10.3.4　H5 制作过程

在建立 Photoshop 文件时，画布的尺寸是宽为 730px、高为 1170px，而不是宽为 640px、高为 1008px，这是因为"秀堂"和其他 H5 工具不同，它采用了另外一种尺寸标准，如图 10-36 所示，在新建文件时，一定要先了解工具的相关规范。

也很有可能，这本书出版一段时候后，这个规范就又变了，所以你一定要以H5工具网站最新的尺寸规范为主要参考。

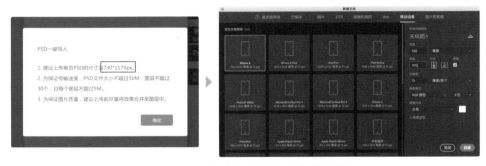

图 10-36   通过网站尺寸规范，建立设计页面

设计的细则讲解

（1）图表设计

实际上"秀堂"自带了一些数据图表模版，是可以直接套用的。但为了项目有更好的视觉效果，咱们还是采用了先用Photoshop完成图表设计，然后再上传PSD文件到H5工具的方法来制作。

在图表的形式上，项目选择了"圆形方图表"的造型，这种造型不仅简单，而且比较美观，非常适合在手机屏幕这种小尺寸下展示信息。图 10-37 所示为图表的设计过程。

图 10-37   图表在设计过程中的样式演变过程

为了让H5的风格比较统一，在确定了图表风格后，除了颜色的统一以外，图表的形式也基本做到了统一，每一屏都采用了"圆形方图表"作为信息图表。

同时，为了让图表内容更加生动有趣，除了图表的长度与数值对等之外，图表的形式也会对应相关主题。比如，在展示距离信息时，采用"坐标"方式；在展示时间信息时，采用"钟表"图形；在展示排名信息时，采用"标杆"图形。具体手法如图 10-38 所示。

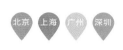

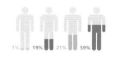

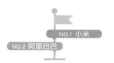

北京
上海
广州
深圳
1%
19%
21%
59%
NO.1 小米
NO.2 阿里巴巴
深圳40
距离用位置图标
人数有人物图标
排名用旗杆图标
时间用钟表图标

图10-38 图表的表现手法

这样可以极大程度地让展示内容更加生动。可以说，任何图表都有3个比较关键的原则：1.统一的配色；2.统一的图形；3.在前两点统一的基础上，让图表的内容更加贴合内容本身的特征。请记住这3个原则。

本节文字部分就不具体描述了，你可通过本节配套的教学视频观看利用Photoshop绘制图表的具体过程。

（2）文字与标题设计

此次H5大标题采用**造字工房力黑，**页面正文主要采用**思远黑体。**图10-39所示的是此次H5项目标题的设计过程，和本书收录的其他项目标题设计非常类似，利用层级的标题设计技巧，你很快就能做出一个比较美观的标题。

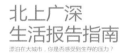

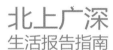

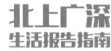

北上广深
生活报告指南
漂泊在大城市，你是否感受到生存的压力？
原始文案字体
字体调整的更加方正和整体
更换了标题字体：造字工房力黑
增加修饰图形，让字体更美观
增加与文案相关修饰元素
最后的标题效果

图10-39 H5页面标题设计教程

页面正文部分虽然只采用了一种字体，但通过字体的大小和粗细变化，使得文字看上去不会显得太过于单调。黑体字有较好的识别性，而且和科技主题相关，正好**思远黑体**有不同粗细，可以很好地搭配使用。

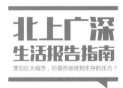

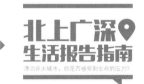

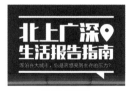

（3）页面的版式

为了让页面有更好的视觉效果，版式设计方面还是采用了3阶排版法。在单个页面中，图表肯定是最为重要的（一级信息），其次重要的就是内容标题（二级信息），再次重要的是正文的描述部分（三级信息）。如果想让页面的美观度更高的话，我们还可以为页面增加一些脚标和修饰（三级信息－深化）。

通过图10-40你可以看到H5页面版式的设计过程。

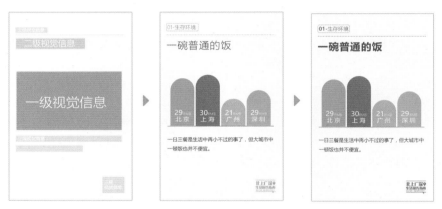

图10-40　3阶排版法在页面中的运用

在页面中，在不同的层级和文字之间用了颜色和图形进行区分，这些小的细节设计都是为了能够更好地区分出页面的层级，这样页面就比较美观了。

（4）首页、尾页和背景图设计

H5的首页和尾页都采用了同一张图片作为背景图来凸显内容的主题。使用图片的好处在于可以非常直观地展示很多细节和层级，不会让人觉得画面太过于单调，但要找到符合主题的图片往往又不是一件容易的事情。

这次H5的图片应具备城市、生存和蓝色调这3个特征。根据关键词，我们可以在素材网站寻找合适的配图。

此次项目就采用了一张背影的人面对行驶地铁的照片。在氛围上，这张配图已经足够点明主题了，如图10-41所示。因为是模拟案例，所以就不太苛刻地要求配图了。

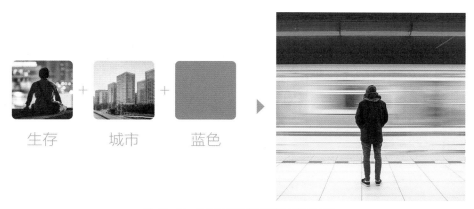

图 10-41　H5 页面背景图的素材思考过程

在 H5 的图表页面中，因为纯白色的背景太过于单调，所以在设计时联想到了利用图表格子这样的图来做页面的背景图，这样不仅能和画面主题达到一致，而且因为表格图比较简单，不会干扰页的主要信息，可以说是一举两得，如图 10-42 所示。

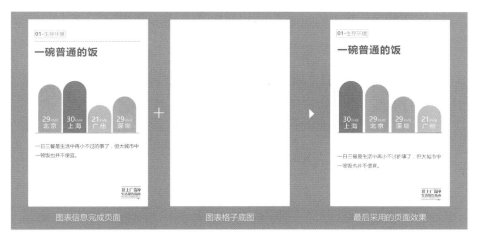

图 10-42　H5 图表页面背景图增加效果

（5）H5 工具制作

打开"秀堂"，在 H5 的制作界面处点击 PS 按钮，上传 PSD 文件，步骤如图 10-43 所示。不同于之前章节的案例，这支 H5 因为有图表，所以需要添加的动效会比较多。

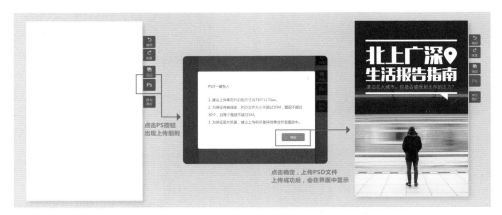

图 10-43 "秀堂"后台的 PSD 文件上传教程

同时，"秀堂"是基于 WPS 衍生的 H5 线上工具，在动态编辑模块上延续了 PPT 的特征，所以它可以制作更加复杂的 H5 动画，但是整个产品的动画制作逻辑就与其他 H5 工具有着很大的不同了。动态的大致制作过程可以参考图 10-44。

图 10-44 "秀堂"动效的基本操作方式

此次 H5 项目的动效设计内容较多，文字很难描述清楚，可通过本节的教学视频看到清晰的动态操作步骤。在 H5 的最后一页还需要为按钮添加完整表格的外部链接，这个操作步骤也是比较简单的，具体步骤如图 10-45 所示。

而 Logo 的制作方式和 10.2.1 节中采用的蒙版方式一致，这里就不具体说明了，读者可以回看操作视频。

图 10-45　添加外链操作步骤

（6）添加音效

这支 H5 算是一支科普类的 H5，内容调性为蓝色，整体给人的感觉比较安静，在安静中又略带一点忧郁。面对这样的特征，寻找音效有一定的难度，因为你很难想到究竟有什么具体的音乐风格适合这类画面，毕竟大家都不是音乐人，不可能像音乐人那样去思考。

但有时我们只要换一种思路，问题可能就解决了。我们可以参考数据可视化方面的内容，网上有很多知名的内容视频栏目，你通过优酷、B 站就可以找到很多，而这些视频喜欢采用的音效就可能比较适合 H5 了。于是，通过搜索"科普类""调查类"视频，我们最后找到了合适的音效，该项目采用的音效是 Tommy Emmanuel-Angelina，一首来自国外作者的音乐作品。H5 发布前的内容调试过程如图 10-46 所示。

图 10-46　H5 发布前的内容调试

与其他 H5 工具类似，在制作过程中，我们可通过预览查看页面效果。H5 的封面和标题是需要在发布阶段才能进行添加的，而且"秀堂"的 H5 作品只有在发布之后才能获得生成的二维码。

图 10-47 所示为 H5 最后 9 屏的平面效果，你可以和本节的原型草稿图做对比，来体会这个设计的过程。为了让读者更好地理解 H5 的制作过程，本书把案例制作的步骤编辑成了视频，通过扫描下方二维码，你可以看到详细的制作过程。

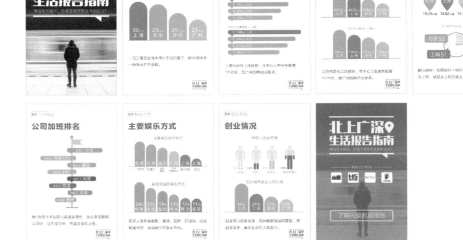

图 10-47　H5 全图平面效果，最终效果以二维码扫描的线上案例为主

延展内容：

教程视频（10）：H5 制作教程 秀堂篇

< 扫描右侧二维码，观看延展知识内容 >

10.4 | 功能类 H5-模版案例

在日常 H5 制作中，我们经常会有一些具体的功能需求，如投票、抽奖和小游戏，这样的活动并不需要太多展示性的内容，但需要比较直观的功能，尤其是在电子商务和新媒体领域，活动频次多，活动互动性要求又比较高。这些侧重于日常运营的 H5 更需要直接的功能。

这一节我们就以 H5 制作工具"人人秀"为例，演示制作投票、抽奖和小游戏类 H5 的操作，如图 10-48 所示。

图 10-48　"人人秀"H5 工具主界面

10.4.1　投票模版类 H5 设计

项目背景（模拟案例）

在日常活动中，少不了投票环节，如摄影比赛、绘画比赛和设计作品比赛等活动，我们都可以通过投票的方式来进行。这一节我们来模拟一个投票类活动。

伟大的艺术家**文森特·梵高**大家都比较熟悉，在梵高的众多艺术作品中，究竟哪一幅画作的人气最高？

这是一个非常适合学生群体日常教学和科普的内容互动。如果只是生硬地去讲解，学习的效果可能不理想。如果能够将内容制作成带有投票功能的H5，参与其中的体验感就可能会非常不同了。我们完全可以通过H5工具来实现这个功能需求。首先是准备资料和素材。

内容策划与设计

在内容方面，分为标题和正文。我们可以将标题设计成一个比较直接的问题，该项目采用的是**"梵高的哪一幅画作是你最喜欢的？"**这样的问句来提醒观看者内容的主题和参与的方式。

正文部分要事先收集好画家的画作和相关作品的描述，做好这些内容准备后，就可以构思原型了。

对于功能性H5来说，页面数量没必要太多。通常来说，页面的主要内容就是说明页和功能页，相当于2 ~ 3组页面就可以完成制作了。这支投票名画的H5就至少需要两组主要页面，分别是描述页和功能页，如图10-49所示。

在该H5中我们需要设计的是内容描述页。因为主题是名画，所以我们会想到美术馆、绘画作品和作者本人这样的首页画面。经过初期设计尝试，发现美术馆的画面感更适合搭配内容标题，毕竟美术馆的墙壁比较干净，而作者的自画像和作者的画作等内容都比较复杂，不适合搭配标题。

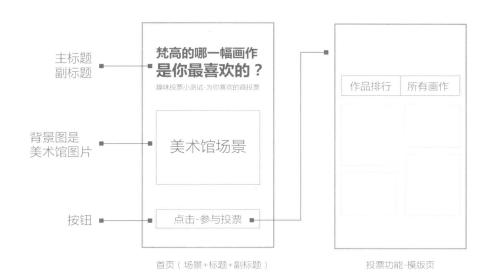

主标题
副标题

背景图是
美术馆图片

按钮

梵高的哪一幅画作
是你最喜欢的？
趣味投票小测试-为你喜欢的画投票

美术馆场景

点击-参与投票

作品排行　所有画作

首页（场景+标题+副标题）　　　　　投票功能-模版页

点击按钮或者滑动页面都可跳到下一页，开通工具的会员的话，可以设置禁止翻页操作

图 10-49　H5的原型图

找到合适的背景图要花费一定的时间，背景图要相对干净，而且还要能展现出主题信息。通过本书推荐的素材库，我们最终找到了合适的背景图，如图10-50所示。

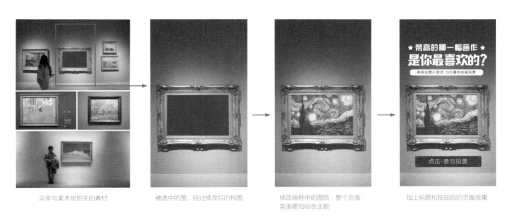

众多与美术馆相关的素材　　被选中的图，经过修改后的构图　　修改画框中的图后，整个页面　　加上标题和按钮后的页面效果
氛围更加贴合主题

图 10-50　寻找合适的背景图的过程

在设计标题时，因为内容针对学生群体，所以我们选择了**造字工房童心体**作为主标题。设计标题的具体步骤如图10-51所示。

原始文案字体   更换了字体：造字工房童心体   调整字体大小，调整字体间距

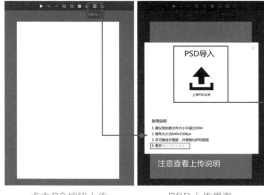

增加色块反差，让字体更美观   增加修饰元素，让标题更美观   最后的标题效果

图10-51   字体设计教程

标题设计过程图

（1）H5的合成

完成了页面设计与素材准备后，需要上传到H5工具当中，如图10-52所示。与其他工具类似，先上传PSD文件，你也可以直接在H5工具内进行设计和排版，但操作性往往不如Photoshop好用。

点击PS按钮上传   PSD上传界面   上传后，就可在后台看到页面内容

图10-52   上传图片

然后需要给首页内容添加动效，首页添加的动效如图 10-53 所示。

图 10-53　动效的页面设置参数和步骤

现在要插入投票模块。投票模块的位置如图 10-54 所示。插入投票模块后，需要根据活动需求进行相应的参数设置，如图 10-55 所示。

图 10-54　添加投票模版的步骤

在列表页中有很多功能是需要开设会员才能获得的，不过一般性的功能是不需要开通会员的。参数设置的详情在这里就不具体描述了，通过本节配套视频教学，你会看到完整设置步骤。

最后一步是上传参投作品，因为用的是模版，所以很多功能是固定的。在投票这个模块中，

图 10-55　修改投票模版的步骤

上传作品这个环节比较繁琐，你不能在后台操作，只能通过手机来操作完成。你需要在手机上打开 H5，然后点击"作品上传"，随后把准备好的画作和描述上传到 H5，如图 10-56 所示。要一个个地上传，好在本案例需要上传的内容并不算太多，很快就能完成。获得 H5 链接的方式也很简单，只要在工具界面点击"预览"按钮就可以了。

图 10-56　手机上传画作作品的步骤

上传结束后，需要通过 H5 后台的投票设置关闭这个上传通道，毕竟模版有很多不自由的设置。所以，我们要想些办法来完成封闭式的投票，不能让所有观看者都能自由上传内容，否则会让后台无法管理。

（2）添加音效

模版库会为你提供现成的音效，但如果提供的音效不合适的话，还需要我们自己来寻找。就该项目来说，我们梳理出的关键内容点是"蓝色""梵高"和"艺术"。在这3个词中，"梵高"的识别性最强，它甚至就是艺术的一个符号，并且对大多数人来说，它具备蓝色调的忧郁感。围绕梵高，我们联想到了他的家乡在荷兰，而且他的画作又多是本地的乡间田园风光，所以我们得到的热搜关键词就是"荷兰民谣"。

通过这个思路，我们去寻找相关的主题音乐，很快就找到了很多合适的背景音效。最后项目采用的音效是Wandering in Field（漫步田园）的截取部分，音乐和H5画面的融合度非常高。所以，想寻找合适的音效，最关键的就是先有正确的查找思路，从各个维度思考，去寻找合适的热搜关键词。

到这一步，一个投票功能的H5就制作完成了。与其他H5工具类似，点击"发布"时可以设置标题和上传封面，如图10-57所示。完成了这些，项目就算是制作完成了。

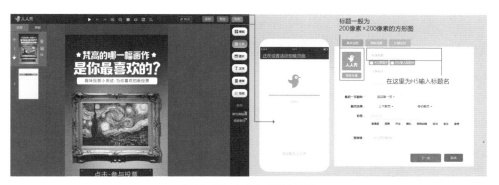

图 10-57　封面与标题的设置

你还可以在H5工具的后台查询投票结果，对结果进行编辑和管理，如图10-58所示。

图 10-58　在作品列表点击"数据"，就可查看后台数据和进行管理了

10.4.2 抽奖模版类H5设计

项目背景（模拟案例）

抽奖是最常用的活动方式之一，不管是小门店，还是大企业，不管是大型商场，还是个人经营者的小店铺，都会有制作抽奖类H5的需求。

每逢节假日，各个商店都会举办一些抽奖活动来吸引消费者，那么如果一家线下咖啡店想要在圣诞节制作抽奖类H5，应该如何去实现？

内容策划与设计

因为想在圣诞节做推广活动，所以在立意上就能很自然地想到"送温暖"这个一语双关的点，这让我们推导出了**"这个圣诞节，送你一份温暖"**这个主题。

确定了主题后，我们的画面和内容都要围绕主题氛围去展开。在原型图设计上，该项目一共设计了3组页面。与上一节的投票案例不同，该项目需要增加一个奖品说明页，因为奖项的说明对于活动是非常重要的，前期构思的原型图如图10-59所示。

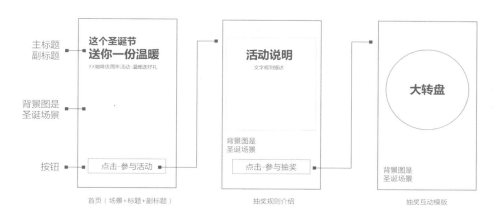

图 10-59　H5 的原型图

在设计具体画面时，我们可以在素材库中寻找合适的设计素材。经过一番寻找，我们找到了这组圣诞素材，画面氛围非常符合项目需要。但因为要摆放标题，所以需要对素材进行一定的修改，如图 10-60 所示。

标题设计采用的是**方正喵呜体**。主画面设计过程如图 10-61 所示。

从素材库下载的原版素材　　　修改素材，空出标题位置　　　首页加上标题和按钮的效果

图 10-60　H5 主画面

图 10-61　H5 的标题设计过程

为了画面的统一，我们可以采用相同的背景图。面对要突出的文字时，我们可以在背景上压上黑色的底图来凸显文字信息，然后把文字内容放置在黑框内，这样会让文字更加清晰。我们在第三组抽奖页面的设计上采用的就是这样的方法，如图 10-62 所示。

调整过的素材背景图　　　　　　　第二组页面背景使用效果　　　　　　　第三组页面的背景使用效果

图 10-62　H5 抽奖页面

H5 的合成

完成页面设计与素材准备后，将 PSD 文件上传 H5 制作工具。需要添加动效的页面是第 1 组和第 2 组页面，具体添加步骤如图 10-63 所示。

图 10-63　H5 页面动效设计过程

在第 3 组抽奖页面中，我们需要添加一个关于抽奖的内容模块。在添加的过程中，你会发现工具提供了很多种抽奖模块，如大转盘、九宫格和水果机等，这里就以最常规的转盘抽奖方式为例，如图 10-64 所示。

图 10-64　H5 页面添加抽奖模版

这里，你需要先对抽奖组件进行设计。和投票组件一样，部分功能需要开通会员，但常规功能可以直接体验，如抽奖次数和抽奖奖品都可以进行自由设置。根据活动需求，对奖品进行相关设置，这次项目就设置了 7 个奖品，内容如图 10-65 和图 10-66 所示。

设置好后，不要忘记上传奖品截图，这样会让抽奖过程更加直观。我们同样可以修改大转盘的颜色和风格，因为此次项目是圣诞主题，而模版转盘的风格与主题的一致性比较高，所以就不需要对大转盘做修改了。

图10-65   H5页面设置抽奖模版

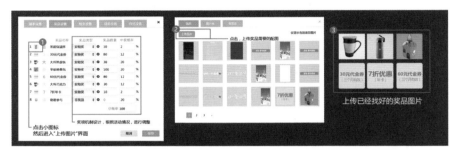

图10-66   H5页面设置奖品和抽奖参数

添加音效

因为是圣诞主题，而且还是红色调的画面风格，所以这支H5的音效就非常好找了，直接使用圣诞曲就可以了。圣诞曲又有很多种不同风格和不同的节奏版本，而我们需要的圣诞曲是欢快的版本。在经过一番查找之后，项目选择了John Williams-Jingle Bells这支圣诞曲。到了这一步，一个抽奖功能的H5就制作完成了，点击"发布"，设置标题和上传封面，完成制作。你可以在H5工具后台查询抽奖结果，对结果进行编辑和管理，以方便获奖者兑换奖品，如图10-67所示。

图10-67   在作品列表点击"数据"，就可查看后台数据和进行管理了

10.4.3 小游戏模版类 H5 设计

【H5教程案例】

游戏互动-H5教程案例

| 工具：**人人秀** | 类型：**模版类** | 特征：**小游戏** |

扫描二维码 观看H5案例

项目背景（模拟案例）

小游戏是非常容易抓住用户注意力的互动方式，如消消乐、打地鼠、打飞机、跳一跳和投篮等。制作这些小游戏，不仅学习成本低，同时也比较容易抓住用户的注意力。而且小游戏没有太多内容限制，大部分游戏内容和品牌都可以搭配，只要你更换一下游戏组件的风格就可以了。在新年期间，如果想做一个能够吸引别人参与的H5小游戏，应该如何去实现？

内容策划与设计

因为游戏模版是无法设计游戏机制的，所以我们需要根据工具提供的内容模版来进行创作，如图10-68所示。在H5工具平台有很多可直接使用的H5游戏，在这些游戏形式当中，我

图 10-68　H5 工具的游戏模版界面

们选择用"**围困类游戏**"来作为这次演示的案例。

根据游戏类型，围绕新年主题去创作H5。为了让内容更加符合新年的氛围，决定在这次的H5中创作一个年兽的游戏主角，正好可以替换模版中狗的角色。因为是新年，所以整个H5的色调围绕喜庆和红色进行创作，主题被定为了**抓住小年兽，赢新年礼包！**

因为是套用模版，所以前期可以不绘制原型图，但要先设计好相关元素，然后在模版的后台进行元素替换。

通过素材网站，我们找到了很多关于年兽的素材形象。考虑到内容主题，所以选择了一个Q版年兽造型的素材。同时，根据卡通人物的原文件做了一个系列的Q版造型，如图10-69所示，方便后期为模版加动态。如果在设计上有困难，也可以采用固定形象，这完全不影响游戏体验。

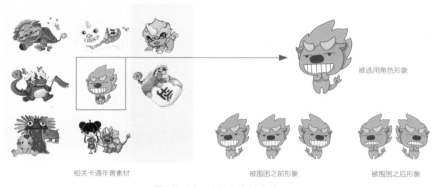

相关卡通年兽素材　　　　　被围困之前形象　　　　被围困之后形象

被选用角色形象

图10-69　吉祥物素材设计

H5的主画面以年兽为主元素，背景为红色，在首页增加了标题和播放按钮。标题设计是在Photoshop里完成的，采用的字体是造字工房童心体。设计时，没有做过多修改，只是加上了辅助线来增加美观度，如图10-70所示。根据模版重新设计的首页样式如图10-71所示。

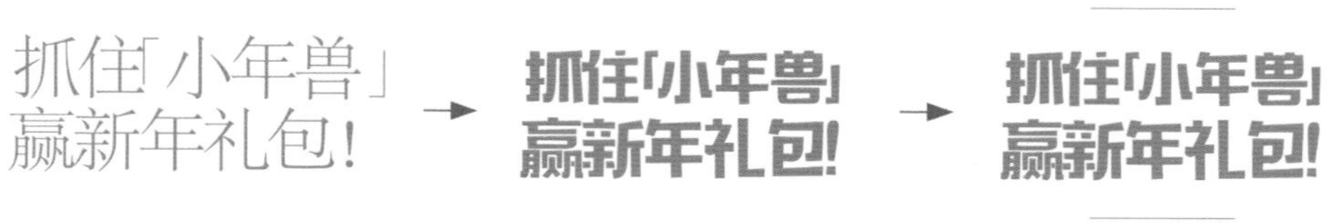

抓住「小年兽」赢新年礼包！　→　抓住「小年兽」赢新年礼包！　→　抓住「小年兽」赢新年礼包！

图10-70　字体设计过程，方法与之前字体设计方法一致

1.红色背景图　　　　　2.放置年兽角色　　　　　3.添加标题和按钮

图 10-71　根据模版重新设计的首页样式（设计过程）

同时，还要制作一组相关的按钮和弹窗，方便在模版中更换，只要是模版中可以使用的就不进行更换，我们只更换那些需要更换的元素，如图 10-72 所示。

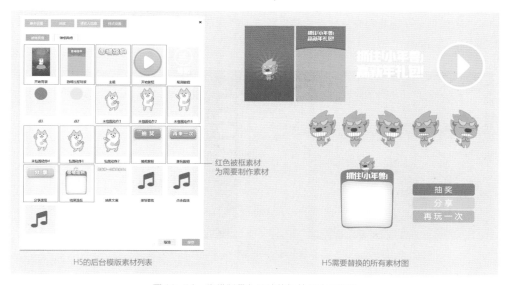

图 10-72　为模版另行设计的相关设计元素图

H5 的合成

当这些调试结束后，我们就可以在工具内对 H5 进行编辑了。与之前的项目情况类似，先打开互动模块，调出游戏模版，如图 10-73 所示。

图 10-73   H5游戏模版

选择好相关游戏模版后，需要打开游戏的后台设置界面，游戏的后台设置界面和其他模版类似，需要调整相应的参数，如图10-74所示。这里比较关键的操作是内容图片的替换，我们制作的素材图一定要和原来的素材图尺寸差不多，不然上传后就会出现位置错乱的情况，如图10-75所示。

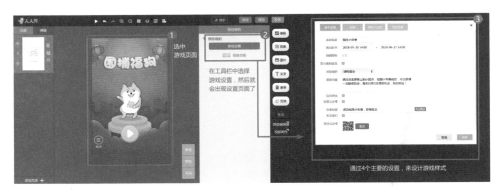

图 10-74   H5游戏模块设置

添加音效

这支H5模版自带的音效正好和项目最后画面的氛围比较契合，所以该项目就不需要另行寻找音效了，直接使用模版音效就可以了。

完成以上操作和设置之后，这支小游戏H5就基本制作完成了。在测试无误之后，上传H5的封面并添加标题后就可以发布了。在后台，我们可以查看用户的数据和获奖情况，方法和

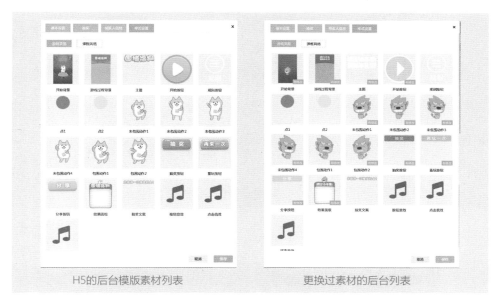

| H5的后台模版素材列表 | 更换过素材的后台列表 |

图 10-75　H5 素材更换对比图

之前的项目类似。

关于"人人秀"这款工具，相关的模版还有很多，本节只是从工具中选出了 3 个比较有代表性的类型进行了讲解。如果想更具体地了解这 3 支 H5 的制作过程，可以通过扫描下方二维码，观看 H5 的完整教学视频。

延展内容：

教程视频（11）：H5制作教程 人人秀篇

＜扫描右侧二维码，观看延展知识内容＞

第 11 章
H5 的进阶学习

>

11.1 | 普通级 H5 与专业级 H5 的差别

学习到这里，你应该对 H5 已经有了一个比较全面的了解了。H5 究竟是怎么从无到有，又是怎么从构思到制作完成的整个过程，你已经在本书中学习到了。但是，要强调的是，本书所讲解和分析的 H5 的制作方式与内容，主要还是针对入门级用户的。

H5 在制作和表现层面是存在普通级与专业级这两大层级的。如果要应对普通级别的 H5 制作，通过本书的学习就足够了；如果想要完成专业级的 H5 制作，那么你需要进一步学习更多的 H5 的制作知识和方法。

那么，专业级的 H5 究竟是什么样子的？这里我们来看一些案例。

你会发现，案例中展示的 H5 并没有所谓的翻页这个概念，交互方式非常复杂和多样，内容也更加具备想象力和表现力，这就是专业级的营销类 H5 网站。它们主要用于大品牌的推广和宣传，与主要应用于个人和小活动的 H5 的用途完全不同。

专业级 H5 与普通级 H5 在制作难度上自然也不在一个量级。普通级 H5 通常是可以一个人独立完成的，而专业级 H5 靠个人是无法完成制作的，因为它会涉及设计、影视、音效和网站开发等多个不同相关领域，需要这些领域的专业人才来共同完成，这也直接造成了制作成本的差异。

一支普通级的 H5，往往几千块钱的预算就能制作得比较精美了；如果是专业级的 H5，制作成本可能要高达几十万元，甚至更多。很多人听到这样的描述会觉得很不可思议，一支H5 真的可以这么贵吗？

当然可以，如果你了解专业级 H5 与普通级 H5 差异，你就会发现这是一个非常正常的情况了。参考价格如图 11-1 所示。

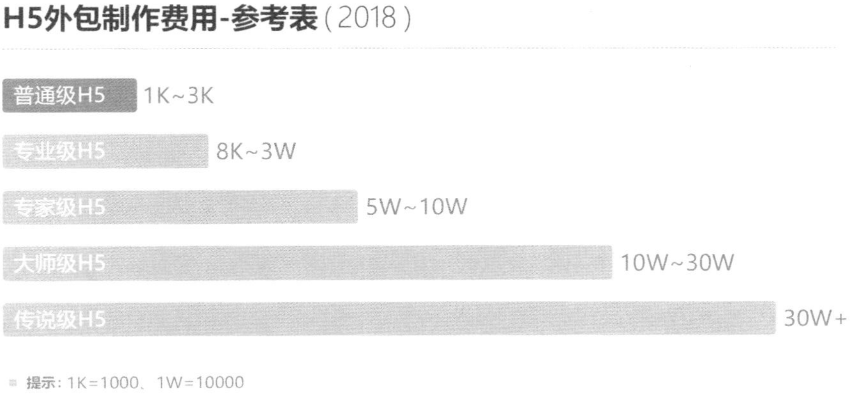

H5外包制作费用-参考表（2018）

级别	费用
普通级H5	1K~3K
专业级H5	8K~3W
专家级H5	5W~10W
大师级H5	10W~30W
传说级H5	30W+

■ 提示：1K=1000，1W=10000

图 11-1　H5 报价单

虽然都是 H5，但其用途和要求是完全不同的，如图 11-2 所示。对于初级 H5 学习者来说，要能够区别出专业级和普通级的差异，了解它们的不同用途。这样，才不会对 H5 的类型和制作费用产生迷惑。

如果你想要继续深入学习 H5 的相关知识，小呆的另一本书《H5+移动营销设计宝典》推荐给你，这本书是一本进阶读物，主要围绕专业级 H5 进行讲解和分析，非常适合想要继续深入学习的朋友阅读。

■ 专业级H5的特性	■ 普通级H5的特性
团队化执行作业	通常由1人制作完成
策划 > 设计 > 开发 > 上线全流程	策划 > 设计 > 上线基本也都由1人完成
通过程序工程师开发完成	利用H5制作工具开发完成

图 11-2　专业级 H5 与普通级 H5 的对比

11.2 | H5 的更多可能性

抛开本书所讲的普通类 H5 的制作来说，H5 在专业领域还有更多可能性，而这些专业领域 H5 的表现形式在不久的将来也将会成为普通级 H5，能够被大多数人使用和制作。技术发展的速度是惊人的，而当新技术被大量普及时，如果意识还停留在过去，那么你肯定会被迅速淘汰。就像当年Photoshop替代了程序员的设计开发工作一样，它真的在未来把网页设计变成了不需要程序员来进行的工作，而未来也有可能会出现一款像Photoshop一样强大的H5制作工具，它能够制作今天我们所看到的所有专业级H5网站。

在这一节，小呆来带你了解一下时下比较新颖的H5内容形式。通过这些案例，你会知道原来H5还有这么多有趣和强大的表现方式。

1.三维表现力

这是一支来自国外团队制作的3D类H5。通过网站你会发现，整个H5场景都是3D空间的，你可以自由地进行各种复杂的交互，可以通过"摇一摇""动一动"的方式让场景下雪，相对于那些平面的内容来说，它更具有吸引力。

扫描二维码，观看H5案例

2.趣味的游戏体验

在2018年的新年，相信你的朋友圈也曾经被这支《2018汪～年全家福》刷过屏。没错，这也是一支H5，但是不同的是，它是一支场景极为丰富的场景游戏。这样的功能在两年前还需要APP才能实现，但现在我们已经可以直接通过H5来实现了。H5可以制作更为复杂的场景游戏。

扫描二维码，观看H5案例

3. 具备多机联动体验

大家可能不知道，H5 还具有可以让多个设备相互联动的体验的能力，只是因为目前手机设备的种种限制导致相关案例还比较少，但还是有一些有趣的 H5 被制作了出来，如下面的案例。

将一首音乐分解成了多个声部，通过手机来扫码，每增加一部手机，就会增加一个声部。如果有五六部手机同时观看这支 H5 的话，就可以模拟出像乐队一样的播放效果。这就是 H5 的一种多机联动方式，非常新颖和有趣。

扫描二维码，观看 H5 案例

4. 可交互场景动画

在 H5 内，我们经常还能看到一些可以进行自由交互的场景动画。不仅仅是播放一段动画，这段动画甚至还能进行一些交互操作，这就在体验上给人带来了更加新鲜的感受。

扫描二维码，观看 H5 案例

虽然都是 H5，但是你会发现它们的表现力是截然不同。如果你真的想去制作专业级别的 H5，是不是就真的没有可能性了？

并不是，本书的最后一节，小呆再给你推荐一款 H5 工具。

11.3 | 专业级 H5 工具推荐

11.3.1 可制作专业级 H5 的工具

在本书的第 2 章为大家系统梳理过专业级的 H5 制作工具，而在本书的最后，我们要推荐的
H5 专业级工具是 mugeda（木疙瘩），如图 11-3 所示。

图 11-3　工具网站首页

同样是专业级的 H5 工具，木疙瘩和其他 H5 工具有所不同，它的产品内核和操作逻辑都是
基于 Adobe Flash 演变而来的，这就意味着这款工具在操作性上优于其他国内 H5 专业工
具。如果你之前是熟练 Adobe Flash 操作的用户，那么你在学习和上手时，就会轻松得多。

11.3.2 工具的几个关键点

1. 专业级 H5 工具

就功能性来说，mugeda（木疙瘩）并不是最强大的 H5 工具，却是相对较为稳定的 H5 专
业工具。因为该工具的前身是 Adobe Flash 的缘故，这就使得该工具在动画编辑方面有着
比较突出的优势。利用该工具制作 H5 动画，效果上会优于其他专业 H5 工具。

2．工具的学习素材

大家都知道，专业工具的学习成本是比较高的，想要真正掌握就需要实用的教学素材。这款工具在工具教程方式上相对比较完善。在工具的官方网站，你可以找到比较全面的教学视频和课程，如图 11-4 所示，这些教学内容基本上可以覆盖产品的大多数功能。

图 11-4　工具教程网站主页

3．工具服务

该产品的收费机制也是所有专业工具当中最有竞争力的，很多 H5 工具的收费都太过于高昂，如果你是个人用户，恐怕很难承受很多专业级工具的过万元的会员费用，而这款工具的收费相对合理。产品提供离线版，用户可以在无网状态下进行制作和编辑，这也是其他专业级工具不具备的特点，如图 11-5 所示。

图 11-5　工具大赛网站主页

4. 工具的社区

该产品的社区功能也是比较突出的，除了线上论坛、社群和公众平台以外，该工具还有专项培训班和辅导课程，而且有相对权威性的设计师资格认证和相关的技能比赛，整体来说比较全面。

如果你在制作 H5 时需要借助专业工具的话，那么可以试试这款工具。就工具的具体功能来说，因为整体内容比较复杂，体系也比较庞大，咱们就不在本书具体讲解了，你可以通过扫描下方二维码，观看为你录制的讲解视频，了解工具的具体特征。

延展内容：

教程视频（12）：专业类 H5 工具功能概述

< 扫描右侧二维码，观看延展知识内容 >

「章节总结」

– 普通级 H5 与专业级 H5 的差异非常大，这一节列举了制作的效果、费用和团队上的不同；

– H5 能呈现的效果远不止本书所讲述的这些内容，我们从 4 个维度给大家看了一些专业级的 H5 作品；

– 为大家介绍了一款专业级的 H5 设计工具——木疙瘩。

下一个阶段：这本的学习内容到这里就全部结束了，如果你想继续深入的学习 H5 的相关知识，推荐你另外一本 H5 的学习图书《H5+ 移动营销设计宝典》，希望对你有所帮助。